U0111333

傑少煮意

Remus Kitchen

蔡一傑 Remus Choy 著

序言

下廚，令我處理事情變得有條理！

小時候的我，最喜歡跟着媽媽到街市買菜，每天都會入廚房看媽媽煮菜，從中偷師。六歲開始，我已經是媽媽的得力小助手，從買菜格價，知道甚麼是「不時不食」，洗、切、調味、煮等基本功，一般家常菜也難不到我！

後來組成草蜢，跟蔡一智和蘇志威同住，所有家務到起居飲食，平日三餸一湯都由我一手包辦。所謂日子有功，每逢過時過節，親朋戚友共有二、三十人，都是由我來主持大局，由設計菜單、採購到準備，再到成品擺盤，獨挑大樑煮出十多碟菜式，每當看到家人們喜歡我做的餸菜，把全部都吃得乾乾淨淨，我就感到非常滿足及幸福！

要做一頓盛宴，如同辦一場演唱會，一樣不能馬虎。每一口釘、每一口螺絲，由設計舞台到燈光、舞步、歌曲及服裝等都一絲不苟；做菜式也是同一道理，每樣都要精挑細選，烹調時間、刀工準確都要拿捏得非常精準，兩者我也很喜歡、很享受！

記得 2019 年 12 月，正要準備一頓冬至晚餐給家人享用，剛巧在網上看到飲食影片，令我想到不如我也來拍片，分享節日菜式吧！機緣巧合之下，在 2020 年 1 月，開設了「傑少煮意」YouTube 頻道。不久遇上疫情，因每天留在家中下廚的關係而想出更多菜式，雖然我不是一位專業的廚師，但很開心能夠跟大家分享烹飪心得及入廚秘訣。

現在，走到街上有很多人稱我「傑少」，告訴我有跟着「傑少煮意」影片來做菜。最意想不到的是，多了十來歲的小粉絲，竟是從「傑少煮意」認識我，還說很喜歡我拍的影片。

從小到大，我做任何事都是全力以赴，不斷學習，無論作曲、填詞、編曲、排舞、DJ 打碟、唱歌、做菜……等，力求完美，目標是做一位全方位藝人。你們親切的笑容和窩心的鼓勵，是我繼續努力及創作的動力！

不經不覺，在 YouTube 分享影片已有四年多！合共累積接近三千萬瀏覽次數，衷心感謝大家一直以來的支持，也見證了我第一本書的誕生！往後日子，除了忙於迎接草蜢 40 周年活動及巡迴演唱會外，我會繼續分享更多煮 / 主意，希望大家繼續支持「傑少煮意」！

最後要多謝我媽媽！

蔡一傑

目錄

童年回憶的味道

傑少心情

傑少的家常煮意

傑少心情

好友共聚同樂

傑少心情

周遊列國好味道

傑少心情

傑少廚房好幫手

喜歡入廚的人，都愛搜集廚房好物——廚具，所謂「工欲善其事，必先利其器」。傑少愛到油麻地上海街遊逛，尤其喜歡往售賣廚具的店舖，花上大半天也樂此不疲。平日，傑少愛用生鐵鑊煮食，「無論炒、煮或蒸，生鐵鑊已經幫到手，而且炒餸鑊氣十足。」

生鐵鑊開鑊程序

使用生鐵鑊前，需要進行徹底清潔及開鑊，以便去掉鑊面的防鏽油及製造時殘餘的鐵粉雜質；以下傑少介紹生鐵鑊的簡易開鑊法給大家參考。

- 用百潔布及洗潔精清洗一遍，放於爐火烘乾。
- 預備一塊肥豬膏，放入鑊內不停塗抹輕擦（包括整個鑊面及邊沿位置），緊記用中小火，讓豬油塗滿鑊面每個位置（因有豬油小心搶火，注意安全），能夠去掉污穢物質。生鐵鑊待涼，用水沖淨，以洗潔精清洗，烘乾，用廚房紙輕抹有否鐵粉雜質。圖 1-2
- 若有雜質，重複以豬油輕擦鑊面的步驟，再用洗潔精洗淨，烘乾後用廚房紙輕抹檢查，重複此步驟 3 至 4 次，直至廚房紙沒有鐵粉雜質的痕跡。圖 3

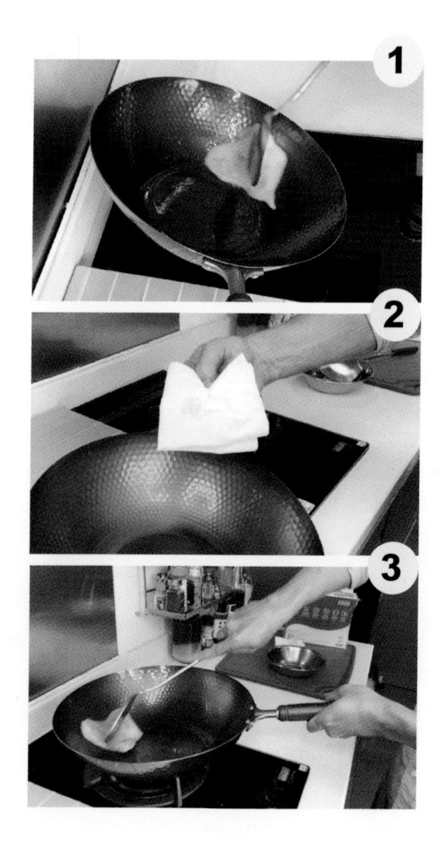

- 隨後進行不黏鑊測試，首先燒熱鑊至冒煙，加入油搖勻，倒出多餘的油分，放入雞蛋煎至焦香，如雞蛋不黏鑊即表示測試成功，開鑊步驟完成。圖 4

生鐵鑊的日常保養

由於生鐵鑊由鐵鑄造而成，有可能出現生鏽的情況；所以每次用畢及洗淨後，先用火烘乾，熄火後，倒入油用廚房紙擦拭整個鑊面，塗抹每個位置，這樣能夠好好保養生鐵鑊，免出現不同程度的生鏽狀況，大家要緊記呀！圖 5

兩大得力助手：短柄鑊鏟、木筷子

說到使用生鐵鑊，鑊鏟是不可缺少，長柄鑊鏟固然能幫忙翻炒食材，但長時間使用的話，肩膊位置會出現僵硬感，令肌肉痠痛，有苦自己知。因此，傑少習慣使用短柄鑊鏟，短柄設計令炒煮方便，肩膊毋須繃緊僵硬，煮得舒適又輕鬆。

此外，長或短木筷子同樣是傑少入廚助手。利用短木筷子能夠輕巧地翻動食物，尤其炒麵或炒米粉時，木筷子可輕易地將麵條分散炒煮，效果更好。長木筷子則用於翻動油炸食物，以免雙手被油彈燙傷。

新手入廚小撇步

煮食，成為傑少生活中的一部分。他喜歡逛街市與檔主攀談，言談間或學會一招半式，憑經驗總結出自己的一套煮食法門。在「傑少煮意」頻道有網友留言：「原來蛋白不可分開打，多謝你指導。」「你將所有程序説得清楚明白，還有下油鹽糖的先後次序。」對於新手入廚的你，傑少入廚心得就如烹飪的明燈。

冷水放肉汆水

無論是煲湯或燜煮的肉類，必須冷水放入汆水，能夠讓血水慢慢地完全滲出，煮出來不帶肉腥味。

凍肉鹽水泡，去內臟及血水

凍肉以鹽水浸泡，令骨及肉的血水滲出；雞隻及魚內臟必須清理乾淨，雞翼血水用手徹底擠出，清潔衛生，煮出的餸菜才更好味。

醃肉基本步：糖、生抽、生粉

基本的醃肉調味料離不開糖、生抽、生粉；傑少也愛麻油香，醃肉或調味時酌加麻油，讓肉味散發麻油芳香。

醃牛肉要加水

拌入調味料醃味後，分數次慢慢加入水拌勻，讓牛肉吸收水分而嫩滑，最後下油緊封調味料。

鑊要紅，油要滾

下鑊炒煮時，必須先燒紅鑊，然後加入油燒熱，放入的食材能夠快速受熱，鑊氣十足。

蒜頭不宜早放

蒜頭容易焦燶，可以待煎炒肉後才放入蒜頭拌炒，取其蒜香味，先後次序可以靈活變通。

調味逐少放

傑少習慣調味分量逐少加入，別一次過放入太多調味料，否則太鹹太辣而無法補救；反而當味道不足之時，可以酌加調味。

記住記住試味

是否煮出心目中的理想味道，烹調期間必須不時試味，拿揑及調配合乎自己的口味，加添調味分量，倍添滋味。

燜肉宜煮宜焗

建議燜煮豬手或其他肉類一小時後，熄火加蓋焗片刻，讓熱力慢慢滲進肉質至熟透，別一直開火煮，肉會散碎而不好吃。

傑少鍾情粵式中菜，
有些一般人認為難做的菜式，
在傑少廚房裏，卻成為他的拿手好菜，
瀏覽次數爆燈，佩服佩服！

傑少的
拿手菜

▶跟傑少學煮餸

▸Track 01

上湯龍蝦燴伊麵

勁抽龍蝦伊麵，一定要試整！

瀏覽次數 438K 👍 10K

經過海鮮檔，蝦蟹魚跳跳紮，生猛新鮮，老闆給我介紹大大隻龍蝦，好！就決定今晚來個上湯龍蝦伊麵，豪一豪！

材料

- 龍蝦 1 隻（約 4-5 斤）
- 伊麵 3 個
- 薑米 2 湯匙
- 蒜蓉 2 湯匙
- 乾葱蓉 5 湯匙
- 葱花 1 湯匙
- 牛油 1 塊
- 花雕酒 1 湯匙
- 雞湯適量
- 油適量

調味料

- 糖 1/2 茶匙
- 鹽 1/2 茶匙
- 胡椒粉少許

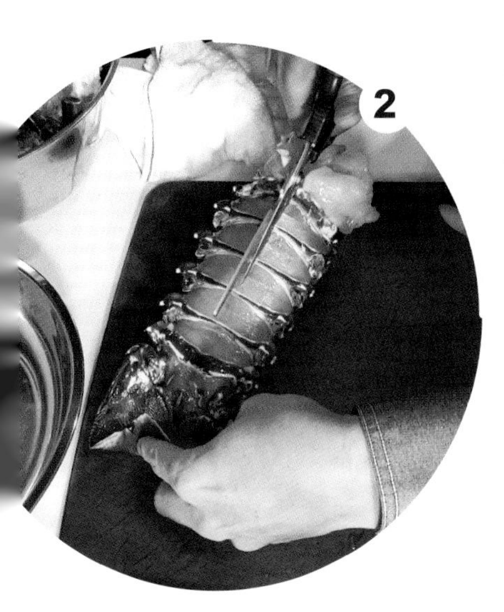

1. 在龍蝦尾插入筷子，釋出尿液。用毛巾包着龍蝦，轉動一下分開頭及身，龍蝦頭上下整個掰開，去掉鰓、鬚及觸角部分。蝦腳剪掉，反轉蝦身，剪殼後再剖開，切掉尾部。龍蝦尾及蝦身略洗，龍蝦身一節節切開。圖 1~2
2. 燒熱油，龍蝦肉撲上生粉，過油至八成熟（細隻龍蝦可煎）；蝦尾和蝦頭沾點生粉過油，炸龍蝦油留用。
3. 燒熱水，加少許糖及鹽，下伊麵煮至麵條鬆開，盛起，別煮得太腍。
4. 燒熱鑊，加入龍蝦油，熄火，放入薑米爆香，下蒜蓉及乾葱蓉（熄火炒以免香料太焦燶）。開火，加入牛油煮至溶化，下龍蝦肉略炒，灒入花雕酒增加香氣，倒入雞湯、水及調味料，試味。
5. 轉小火，加蓋煨約 2 分鐘，湯汁不要煮太濃，龍蝦肉盛起，灑入葱花，加入伊麵吸收湯汁，熄火。
6. 伊麵放於碟內，鋪上龍蝦肉，擺好龍蝦頭和尾，加點芫荽裝飾，淋上湯汁即成。

傑少入廚技巧

■ 大隻的龍蝦頭及爪過油後，放涼，貯存冰箱裏，可留待日後煮龍蝦湯使用。

■ 建議將薑、蒜及乾葱頭切得細碎，吃伊麵時能一併吃到香料，份外好吃。

Fans 留言區

u @user-xxxxxxxxxx

嘩！太給力啦～好大隻龍蝦呀！傑少真是辛苦啦 🙏 上湯龍蝦伊麵實在太美味～搭配得好好！勁正！ 👏👏👏 多謝傑少分享！

👍 17 👎

s @user-xxxxxxxxxx

傑少一路煮，我已經一路流口水，好想好想食呀！

👍 10 👎

▸ Track 02

紅燒肉

肉味香，節日佳選，必做！

瀏覽次數 314K 👍 8.1K

大家想跟家人品嘗一道溫暖窩心的菜式嗎？我介紹的紅燒肉，製作步驟一點都不難，最重要買得一塊方正的上等五花腩，可以跟肉販提早預訂啊！

材料

- 五花腩 1.2 公斤
- 花椒 1 湯匙
- 八角 3 顆
- 桂皮 1 條
- 香葉 4 片
- 大葱 1 棵
- 薑 3 片

燜汁料

- 紹興酒 2 瓶蓋
- 片糖 1/2 塊
- 鹽 1/2 茶匙
- 生抽 2 湯匙
- 老抽 2 湯匙
- 蠔油 1 湯匙
- 胡椒粉少許
- 熱水適量

1. 鑊內注入冷水，放入五花腩及拍鬆薑片，倒入紹興酒，開火，汆水，取出沖冷水，洗淨，切成塊。圖 1
2. 大葱洗淨，切成斜段。
3. 鑊燒熱，加入少許油，轉小火，放入五花腩炒香，將每塊五花肉各面煎香，加入花椒、八角、桂皮、香葉及大葱段炒勻，灒紹興酒，倒入熱水（剛好蓋過五花腩），放入片糖、鹽、老抽、生抽、蠔油及胡椒粉，加蓋，轉小火，燜煮 1 小時。圖 2
4. 試一下味道，先將五花腩及香料取出，再放回五花腩，轉大火收汁，加點老抽拌勻增添色澤。待汁煮至濃稠，五花腩轉放小鍋，淋上汁，灑點葱花即成。

傑少入廚技巧

■ 記住記住！要冷水放入整塊五花腩汆水，讓血水完全滲出。

■ 五花腩汆水後洗淨，將肉切得大塊一點，煮出來的五花腩會很好看。

■ 五花腩煎過後，會釋出很多油分，如油太多可先倒出來。

■ 烹調燜煮菜千萬不要中途加熱水，需要自己憑經驗判斷，建議先加入多些水待汁收濃。

Fans 留言區

@user-xxxxxxxxxx

呢個餸，簡單好味得嚟又超級無敵好送飯！啲五花肉上色上得好靚  熱辣辣肉騰騰 ，好正啊！

 15

@user-xxxxxxxxxx

好正！好易做！必學！

 11

▸ Track 03

白切雞

雞隻桑拿浴，滑滑靚雞上場！

瀏覽次數 666K 👍 18K

清遠雞不太肥，肉質結實，製成白切浸雞無得頂。要緊記浸雞的步驟，快速浸泡熱水三數次，再泡冷水讓雞皮收縮緊緻，最後熄火浸雞，熱水要維持 80℃，不可太低溫啊！

材料

- 新鮮清遠雞 1 隻（約 2 斤多）

薑蓉料

- 薑 1/2 塊
- 葱 3 棵（切粒）
- 大葱數片（切碎，可省略）
- 乾葱頭 2 粒（用油爆香，葱油留用）
- 鹽 1.5 茶匙
- 麻油少許
- 生抽少許

1 在雞腳骨節位輕劃一刀，切出雞腳；在雞胸對上位置剪開，徹底洗淨雞內外，用粗鹽在內外位置輕抹，洗走污垢，沖淨。
2 燒熱水，拿着雞頭放入熱水內浸約十數秒，慢慢擺動令雞受熱膨脹，雞內腔用熱水浸過，取出浸泡冷水，令雞皮立即收縮，再放進熱水（如是者三次，讓熱水注入內腔後流出），將整隻雞完全放進熱水（浸過雞頭），熄火，浸 45 分鐘。圖 1~2
3 薑皮刨好，用刀背輕輕剁碎，這樣的薑蓉不會太爛，但仍有薑粒，薑汁又不會流失，再用刀背輕剁。

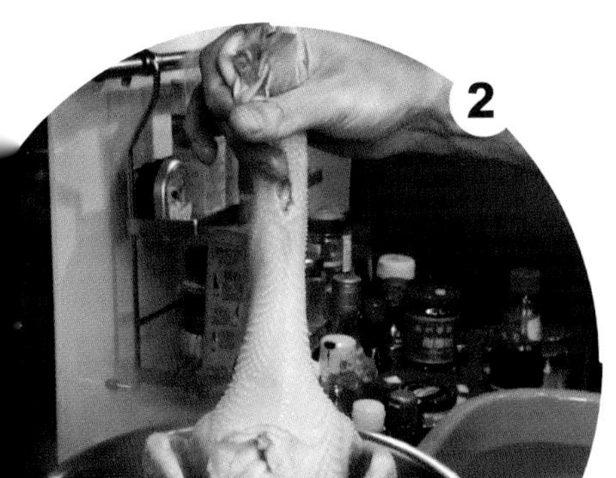

4 薑蓉與葱花拌勻，放入鹽、麻油、大葱碎、乾葱油及生抽，拌勻。
5 浸雞 25 分鐘後，待雞腔內熱水流出（重複此步驟數次）。雞取出，開火令水溫至 80℃，熄火，放入雞來回擺動數次，最後將整隻雞連頭浸於熱水，繼續浸 20 分鐘。圖 3
6 將雞放進乾淨的冰水令雞皮收縮，吃起來雞肉嫩、雞皮滑及彈牙。將冰粒放進雞腔，令內外收縮。圖 4
7 雞印乾水分，斬件放在碟上，以芫荽伴碟即可。

- 於雞胸對上位置剪開，方便雞隻浸煮時，熱水可通過內腔流出，做成對流的效果，令雞肉熟透嫩滑。
- 將雞內臟清理乾淨，容易令雞浸熟。
- 薑蓉、葱花及大葱碎拌勻的做法，是跟隨一位順德粵菜師傅學習，蘸料惹味，蘸雞吃一流。

* 蘸雞汁料

Fans 留言區

@user-xxxxxxxxxx
婆婆都大讚傑仔廚藝，浸雞、斬雞好手勢。

12

@user-xxxxxxxxxx
斬雞 100 分，好正呀！睇到都想食 👍

19

@user-xxxxxxxxxx
刀工夠專業！厲害佩服！擺盤也有心！

22

▸ Track 04

鮑羅萬有

罐頭鮑魚不用開蓋，都可焖得腍腍滑滑！

瀏覽次數 359K 👍 9.7K

過年的時候，我會煮這道菜，寓意包羅萬有，很有意頭！過年要吃得豪氣又矜貴，怎少得鮑魚、花膠做菜，大家一起取意頭，來個鮑羅萬有吧！

材料

- 花膠 1 隻（已浸發）
- 罐頭鮑魚 1 罐
- 冬菇 10 朵（去蒂、浸軟）
- 西生菜 1 個
- 蒜肉 8 粒
- 薑 4 片

醬汁料

- 浸冬菇水適量
- 蠔油 2 湯匙
- 冰糖 2 粒
- 鹽少許
- 老抽少許
- 生粉水適量

灼菜調味料

- 鹽 1/2 茶匙
- 糖 1/2 茶匙
- 油少許

1. 將罐頭鮑魚的包裝紙撕掉，直接放入熱水（不要開罐），加蓋，以中小火煮 1 小時。取出罐頭待一會，放涼。圖 1
2. 燒熱鑊下油，放入薑片及蒜肉爆香，調大火，放入冬菇，灒酒，加入冬菇水、冰糖及蠔油，加蓋煮滾，轉成小火，試味，燜煮 30 分鐘。
3. 花膠清理乾淨，洗淨，剪成大塊狀，盡量大塊一點較好看。圖 2
4. 西生菜蒂部向下，朝枱面用力拍兩次，蒂部會自動鬆脱，輕輕將葉片分成兩半，不要撕碎，洗淨。

5 罐頭鮑魚放涼後，打開，倒出湯汁留作其他用途，鮑魚備用。
6 燒滾水，加入調味料，放入生菜灼 3 數秒，快速盛起，瀝乾水分；盛碟上備用。
7 將燜冬菇的薑及蒜肉取出，試味，灑入鹽少許調味，放入花膠用小火燜煮，加入鮑魚及老抽少許上色，加蓋再燜，留意收汁情況，最後加入生粉水埋芡至濃稠，鋪在西生菜面即可。圖 3

傑少入廚技巧

- 整罐鮑魚未開封就如真空狀態，打開直接吃有點硬硬的感覺；將整罐鮑魚放入熱水煮，可吃到非常軟腍的鮑魚。
- 平時燜煮冬菇，我會加一、兩顆江瑤柱，令味道更鮮甜美味。
- 加入花膠後，緊記調至小火，不然花膠會溶掉。
- 西生菜蒂部較硬，當用力拍打後，整個底部的芯往上退，與葉片分離。
- 因西生菜內含水分，建議將醬汁調得濃稠些，口感剛好。

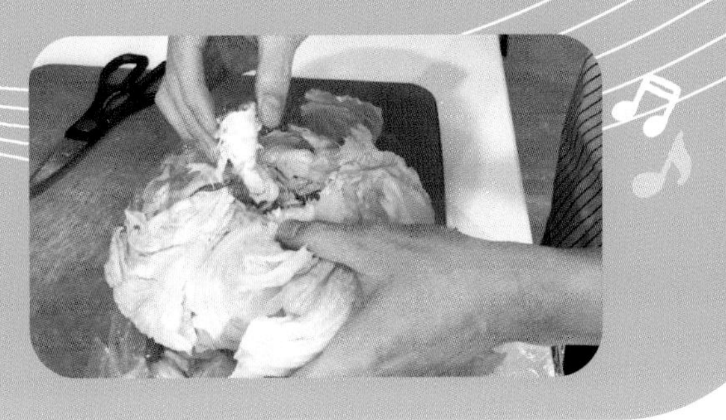

Fans 留言區

@user-xxxxxxxxxx

第一次學會不用刀切也能鬆開一塊塊生菜葉，好厲害！這個菜煮法簡單，可以試試屋企煮，多謝傑少

@user-xxxxxxxxxx

嘩！睇見都流晒口水哦！

▸ Track 05

茄汁蝦碌

茄汁蝦碌甜甜酸酸，大人小孩都鍾意！

瀏覽次數 398K 👍 11K

走過海鮮檔，大大隻海蝦活蹦猛跳，好！今晚有朋友來作客，就來個茄汁蝦碌，看見友人吃到啜手指，真的由心笑出來！

材料

- 新鮮大蝦 8-10 隻
- 乾葱頭 10 粒（切片）
- 生粉水適量

醬汁料

- 茄汁 3 湯匙
- 喼汁 2 湯匙
- 生抽 1 湯匙
- 糖 2 茶匙
- 老抽 1 茶匙
- 白開水適量

1. 蝦頭尖刺、頭及眼睛一併剪掉（容易入味），蝦鬚及蝦腳去掉。在蝦身第三節位置用牙籤穿過去，慢慢地挑出蝦腸，將蝦修剪成上下兩半。圖 1-2
2. 蝦身和蝦頭抹乾水分，蝦頭先放入熱油待六至七成熟，蝦頭轉成白色，撈起；蝦身同樣放入熱油待一會，盛起，瀝乾油分。
3. 茄汁、喼汁、生抽、糖及水調勻，再以老抽調色，待糖拌勻溶解後，試味。
4. 燒熱鑊，加入油及乾葱片爆香，放入蝦以大火爆炒均勻，倒入醬汁料炒勻，下生粉水調勻至醬汁剛好蓋着蝦，趁熱品嘗。

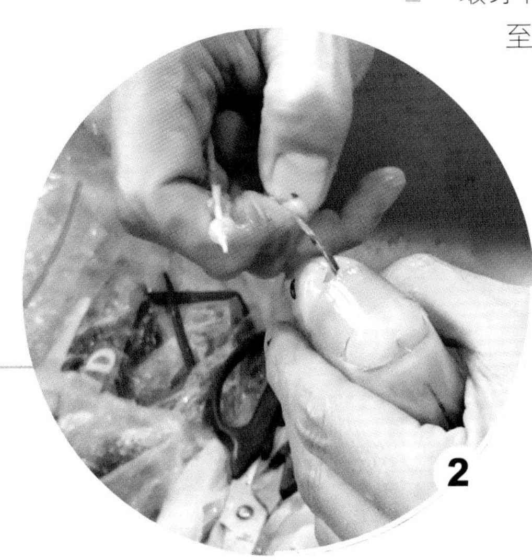

傑少入廚技巧

- 大蝦過油時，由於蝦頭較難熟，所以需時較長，待蝦頭及蝦身六、七成熟，再與醬汁拌炒，大蝦就剛好熟透。蝦不能太熟，會不好吃，所以先過油至半熟。
- 醬汁內的水分不要太多，最後醬汁剛好包裹大蝦及乾葱頭，就可以了。

Fans 留言區

u @user-xxxxxxxxxx
你教簡單易整嘅菜，啱晒我呢啲煮飯白痴！

s @user-xxxxxxxxxx
今日睇完夜晚即煮 🦐 阿仔話好好味 😋

▸ Track 06

傑少燜豬手

多肉肥美豬手，睇見都口水流！

瀏覽次數 540K 13K

買了兩大隻豬手，肉販幫忙燒毛、刮皮及洗淨，回家用鹽水浸洗乾淨，就要出動我的大大鑊，開爐了！

材料

- 豬手 2 隻

香料

- 冰糖 2 大塊
- 大葱 4 大片
- 蒜肉 4 粒
- 薑 2 厚片
- 香葉 10 片
- 八角 8 顆
- 桂皮 1 條
- 花椒 1 湯匙

燜汁料

- 草菇老抽 1 茶匙
- 生抽 2 茶匙
- 紹興酒 1 湯匙
- 熱水適量

用具

- 煲湯袋 1 個

1. 豬手斬件，浸洗及沖水數次，盆內放入水及鹽 2 湯匙浸豬手半小時。
2. 豬手沖洗乾淨，放入凍水湯鍋內，加蓋，以大火汆水約 10 分鐘，用水沖淨，瀝乾。
3. 燒熱油，放入薑、大葱及蒜肉爆香，再下其他香料炒香，熄火，全部料頭及香料放入煲湯袋備用。圖 1
4. 大火燒熱大鑊，加入油，轉小火，放冰糖一塊至溶化，放入豬手爆炒，倒入熱水蓋過所有豬手，放入草菇老抽、生抽、紹興酒及香料包（水蓋過易出味），加蓋以小火燜煮 1 小時。這個時候熄火，不要開蓋待一會。
5. 調至小火再燜豬手 35 分鐘，待豬手腍滑及汁料濃稠即成；取出香料包，盛起享用。

傑少入廚技巧

- 處理任何凍肉可用鹽水浸泡，浸鹽水令骨頭內的血水滲出來，清潔衛生。
- 豬手不要一直開火煮，建議燜一小時後加蓋焗片刻，這動作是關鍵所在，能讓豬皮爽脆彈牙；若持續用火燜煮，豬手會骨肉分離，整個豬手爛掉不好吃。
- 用煲湯袋盛起所有香料燜煮，方便整袋取出。

Fans 留言區

@user-xxxxxxxxxx

真係好鍾意睇你煮餸，燜豬手超級喜愛，等我學吓煮先！

@user-xxxxxxxxxx

好吸引 😋 燜豬手好好睇，又學到嘢 👍

▸Track 07

古法咕嚕肉

非一般咕嚕肉！透澈糖醋汁包住香脆腩肉，清新可口！

瀏覽次數 405K 8.3K

這是很多網友強烈要求我分享的菜式——傑少古法咕嚕肉。這道菜式的煮法有很多版本，到外面吃或朋友家煮，通常煮出橙色的咕嚕肉，我今天烹調的是古法的透明色。

材料

- 五花腩 300 克
- 葱 4 棵
- 菠蘿 1 個
- 甜青椒 1 個
- 甜黃椒 1 個
- 洋葱 1 個
- 檸檬 1 個（榨汁）
- 生粉水適量

醃料

- 鹽 1/2 茶匙
- 糖 1/2 茶匙
- 胡椒粉少許
- 雞蛋黃 1 隻
- 生粉水少許

糖醋汁

- 白醋 200 毫升
- 片糖 2/3 磚

1 甜青椒和黃椒去掉中間和頭尾，切成塊狀。
2 洋葱切成塊；葱取葱頭部分，切斜段。
3 菠蘿切去頂部、底部和硬皮，沿釘子切出，取 1/4 個菠蘿，切掉中間硬芯，斜切件。
4 五花腩用刀背略剁，口感較爽，切件，放入鹽、糖及胡椒粉拌勻，加入蛋黃混合，下少許生粉水拌勻。圖 1–2
5 小鍋子加入白醋，先放片糖至溶化，試味後熄火，待糖和醋比例恰當，備用。
6 煮一鍋水，放入甜椒及少許菠蘿輕灼一會，撈起。
7 燒熱油，五花肉均勻地蘸上薄薄的乾生粉，待油出現小泡（不要太高溫），放入五花肉炸熟，讓油溫慢慢將肉逼熱，見冒出泡泡代

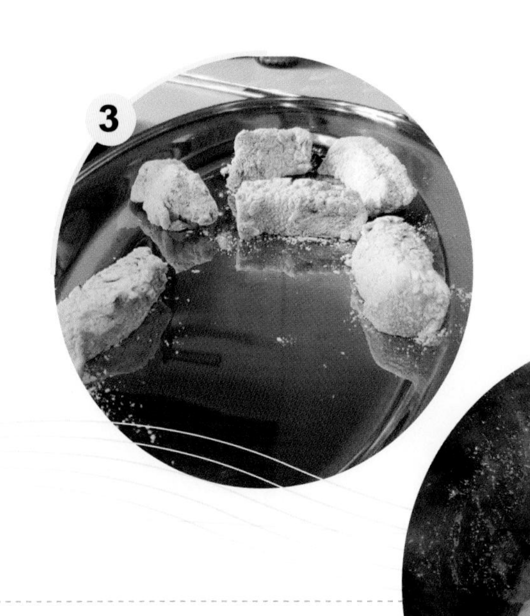

表肉內有很多水分，炸半分鐘，撈起。待油溫稍高，再放入炸好的咕嚕肉，炸成金黃色，瀝乾油分。圖 3

8 鑊燒熱加少許油，放入洋葱略炒，加入菠蘿、甜椒和葱段翻炒，盛起。

9 燒熱鑊，倒入糖醋汁煮開，加入半份檸檬汁拌勻，試味，如覺檸檬香味不足，可加入餘下檸檬汁，熄火，加入生粉水埋芡，倒入所有材料拌勻，上碟即可。圖 4

傑少入廚技巧

- 醃五花腩時生粉水不要調得太稀，令五花腩裹上適當麵糊，入口更佳。
- 用五花腩做成咕嚕肉，肥瘦相間，入口肉質豐富、濕潤，不會太乾太硬。
- 第一次炸五花腩時，油溫不能太高，否則內裏未熟但外面已焦黑。
- 罐頭菠蘿有很濃重的糖水甜味，我不太喜歡，改用新鮮菠蘿，令整道菜帶一陣菠蘿的清香味。
- 若加入茄汁煮成汁，茄汁會蓋過所有食材的味道；這道咕嚕肉的醬汁較清新，而且加了檸檬汁，讓咕嚕肉清爽好吃。

Fans 留言區

u

@user-xxxxxxxxxx

傑少古法咕嚕肉好誘人呀 😋 鮮美多汁，芳香四溢，肥而不膩，清爽可口！好特別哦～不愧是古法，謝謝分享 👍

16

@user-xxxxxxxxxx

加入檸檬 🍋 清香、清爽、清澈！多謝傑少古法製作分享 😘👍

13

@user-xxxxxxxxxx

好喜歡你所做的菜，很有心機教我們煮餸！ Thank you so much.

22

▸ Track 08 🔊

滑蛋蝦仁

滑滑彈彈的滑蛋，可以吃上兩碗飯！

瀏覽次數 490K 👍 1.5K

這道家常餸，說難是難，說簡單也可以，就看拂蛋的技巧，掌握了就成功。烹調，需要用心及熱誠。

材料

- 鮮蝦 14 隻
- 雞蛋 6 隻
- 葱 4 棵（切粒）

醃料

- 鹽、胡椒粉、生粉及麻油各少許

調味料

- 生抽少許

1. 鮮蝦剝殼，灑入鹽、胡椒粉攪拌，再加生粉用手拌勻，下麻油繼續拌勻。
2. 蛋黃及蛋白分開，分別放在不同的碗內。
3. 蛋黃內放入少許生抽，拂勻；蛋白備用。
4. 燒熱鑊，加入油待熱，放入蝦炒至八、九成熟，瀝乾油分。
5. 葱粒加進蛋黃拌勻，倒入蛋白輕輕拌勻三下，加入鮮蝦。圖 1
6. 鑊內多下油，倒入蛋漿快速拌炒，熄火，繼續炒蛋讓餘溫令蛋液熟透，上碟。圖 2

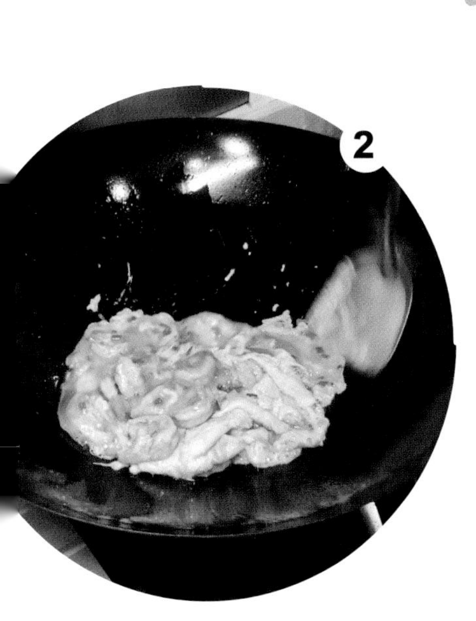

傑少入廚技巧

- 提提大家，滑蛋蝦仁煮好後就要馬上吃，因為放一陣子蝦仁會釋出水分。
- 蛋黃不要放入鹽，以免不完全溶化。
- 剝出來的蝦殼儲存於冰箱，可以做成龍蝦湯或煮蝦麵的湯底。
- 炒滑蛋的秘訣是蛋黃和蛋白分開處理，蛋白不要與蛋黃拂勻，可保持嫩滑的質感。

Fans 留言區

@user-xxxxxxxxxx

很有心意，蛋白分開不可以打，多謝你教導 😍

@user-xxxxxxxxxx

要煮靚滑蛋唔易啊！多謝傑少教大家煮滑蛋竅門，同埋處理打蛋過程😘！又上一課了 👍

跟傑少學煮餸

▸ Track 09

生炒臘味糯米飯

正宗生炒糯米飯，炒到手軟都值得！

瀏覽次數 584K 👍 12K

算一算，我已經有 20 年沒有炒糯米飯了，哈哈！因為實在太累！
不過，糯米飯滲滿臘味的油香，你又怎能按捺它的誘惑呢？

材料

- 糯米 600 克
- 臘腸 2 條
- 膶腸 2 條
- 冬菇 2 朵
- 蝦米 2 湯匙
- 雞蛋 2 隻
- 雞湯適量
- 熱水適量
- 葱 1 棵（切粒、切絲）

調味料

- 老抽 1/2 湯匙
- 生抽 1/2 湯匙

傑少做法

1. 每條臘腸及膶腸切成 4 小條，再切粒。冬菇去蒂、浸軟，切粒；蝦米浸軟，切碎。圖 1
2. 雞蛋拂勻；鑊燒熱油，倒入蛋液後轉動一下，讓蛋液煎成薄蛋皮，切絲備用。
3. 白鑊內放入臘腸及膶腸炒香，加入蝦米及冬菇拌炒，盛起（不要將臘腸的油全部爆乾，油沒有了臘腸就不好吃）。
4. 糯米用水浸泡，隔乾水分，放入鑊炒約 25 分鐘，期間見米粒黏鑊，倒入熱水或雞湯炒勻（見米粒吸收水分後，加水續炒）。最後見米粒發脹，加入臘味、冬菇及蝦米，與糯米混和，加入調味料拌勻，最後灑上葱花續炒，上碟，以蛋絲及葱絲裝飾即成。圖 2

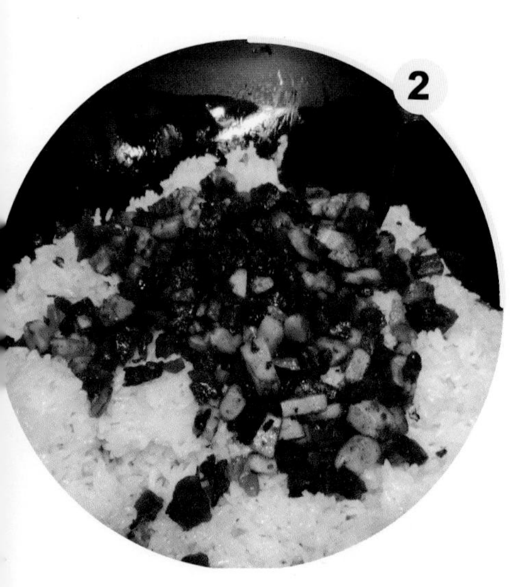

傑少入廚技巧

- 臘腸沒有蒸過會較難切開，但卻保留油分；蒸過的臘腸，油會逼出來，但較易切，兩者均可，悉隨尊便。
- 生炒糯米飯的炒煮過程約需 25 至 30 分鐘，但緊記要炒至米粒中間有點點硬，端上飯桌時，口感則剛好；否則炒至米粒綿軟，待享用時就會糊掉了。
- 保留泡浸冬菇及蝦米的水，炒糯米飯時加入，令米粒更添香氣。
- 我不太喜歡濃重的口味，而且糯米飯需要調味；所以炒飯時不會加添太多雞湯，主要以熱水炒飯。
- 生炒臘味糯米飯可以放入不同的材料炒煮，有人會加入江瑤柱，當然自己喜歡吃甚麼都可以。

Fans 留言區

u

@user-xxxxxxxxxx

估你唔到，傑少！炒糯米飯都搞得掂，而且好似好香，好嘢 👏 ！讚 👍 ！

18

@user-xxxxxxxxxx

跟你的方法剛剛完成，好味同易炒 🙏 多謝！你的教學方式好生動及實用。

8

▸ Track 10

蓮藕燜腩肉

香噴噴南乳，腩肉好味唔肥膩，送飯一流！

瀏覽次數 322K 👍 8K

這道燜菜，愈吃愈好味，無論你當天即吃、加添材料再燜煮或翌日從冰箱拿出加熱，同樣美味好吃。登登登凳……傑少蓮藕燜腩肉！

材料

- 蓮藕 2 節
- 五花腩 600 克
- 薑 1 塊
- 冰糖 50 克（令五花腩上色）
- 生粉水適量

醬汁料

- 南乳 1/2 磚
- 腐乳 3 磚
- 紹興酒 2 湯匙

燜汁料

- 生抽 1 茶匙
- 老抽 1 茶匙
- 冰糖 4 粒
- 紹興酒少許
- 水適量

傑少做法

1. 五花腩切成 1.5 吋闊塊狀，冷水放入鍋內，汆水，沖冷水放涼，抹乾水分。圖 1
2. 蓮藕洗淨，去皮、切圓件。薑切成兩件，略拍，令薑味容易四散。
3. 腐乳及南乳（連汁）壓爛，加入紹興酒拌勻。圖 2
4. 燒熱鑊，加入油，放入冰糖煮至溶化，炒至棗紅色（不要調至大火，否則會焦掉），放入五花腩炒至上色均勻及表面焦香，下薑肉略炒。圖 3-4

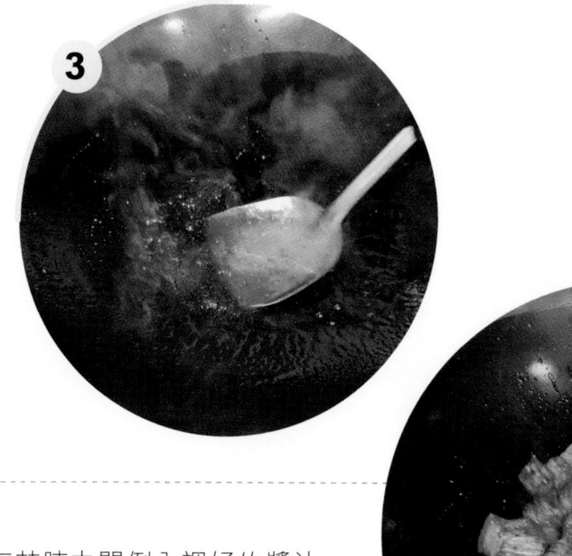

5　在五花腩中間倒入調好的醬汁，用鑊鏟壓炒一下，當聞到醬香味時，調大火，五花腩和醬汁拌勻，加入蓮藕炒好，在鑊邊澆上紹興酒，加水（水量是材料的八成），試味，以生抽、老抽及冰糖調味，加蓋，以小火燜煮 30 分鐘。圖 5

6　熄火，加入生粉水埋芡，火調大，待醬汁慢慢收濃，最後澆上少許紹興酒，上碟。

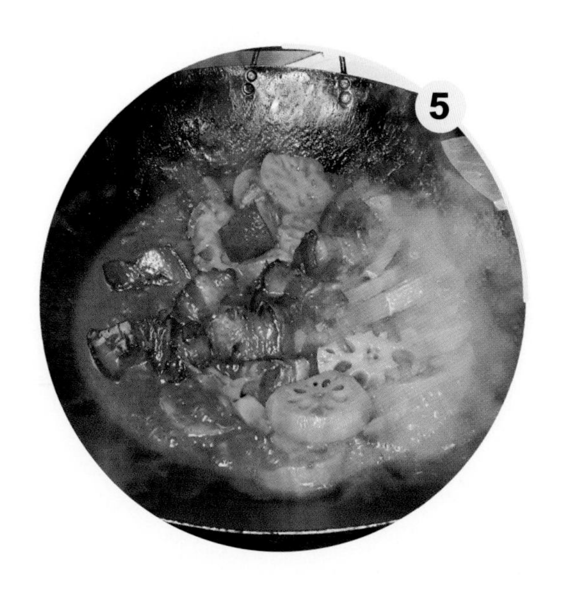

傑少入廚技巧

- 南乳及紹興酒超級匹配，除了烹調時加入，上碟前我特意澆上少許紹興酒，令酒味跟南乳融和，更添美味。
- 南乳及腐乳一起使用，令腩肉的味道更豐富，不只吃到南乳味。平常家庭製作燜餸，半塊南乳已足夠。
- 南乳、紹興酒與薑是個好搭配，我不會加入蒜頭同煮。
- 最後熄火才加入生粉水，以免醬汁結成塊狀。

Fans 留言區

u

@user-xxxxxxxxxx

今晚試咗，老公都話好好味！原來腐乳跟南乳真係好配！多謝傑少！

12

@user-xxxxxxxxxx

睇完條片，即刻衝落街市買五花腩嚟燜 😋

9

s

@user-xxxxxxxxxx

原來白色蓮藕是漂白過的，還是有淤泥的好，謝謝傑少分享！👏👏👏

16

▸ Track 11

羊腩煲

一家人圍坐食羊腩煲，暖笠笠！

瀏覽次數 486K 👍 9.4K

天寒地凍，吃個熱呼呼的羊腩煲，感覺暖笠笠，一家人圍桌同吃更是溫馨暖心。羊肉可以保暖，不論男女吃過羊肉後，都會陽氣十足。冬季來臨時，吃羊肉養身子，當然要視乎個人體質而進食，切勿過量。

材料

- 羊腩 1 公斤
- 馬蹄 8 顆
- 冬菇 8 朵（用水浸軟）
- 竹蔗 2 段
- 竹筍 150 克
- 腐竹 3 條
- 唐蒿菜 300 克
- 蒜仔 2 棵
- 薑 6 片（略拍）

混醬汁

- 腐乳 2 磚
- 南乳 1 磚
- 麵豉醬 1.5 茶匙
- 柱侯醬 1.5 茶匙
- 芝麻醬 2 茶匙
- 麻油少許

1 羊腩放於冷水鍋內，汆水約 10 分鐘，加入花雕酒及薑片，辟除羊腩異味，瀝乾水分。
2 竹筍削皮，洗淨，汆水約 3-5 分鐘，切片；馬蹄去皮，用水浸泡，開邊；竹蔗切成小段，在中間破開成 4 份。
3 所有混醬汁放於碗內（加入南乳汁），略壓腐乳及南乳，這是我傑少的混醬口味。
4 冬菇斜切開邊；腐竹在豆腐檔已處理及浸發，切成 3 段。
5 燒熱鍋，下油及薑片爆透，放入羊腩略爆炒，濳花雕酒，加入部分混醬，聞到混醬香味後加熱水（水量視乎個人喜歡湯汁多少而定），放入冰糖及少許生抽試味，醬汁勿太鹹或太淡。

調味料

- 冰糖 1 粒
- 生抽少許
- 鹽 1/3 茶匙
- 老抽少許

蘸汁

- 腐乳 5 磚
- 糖及麻油各少許
- 水少許

6 放入冬菇、竹蔗及馬蹄拌勻，與羊腩同燜。如水分不足，可加入熱水（要蓋過羊腩），加蓋，燜約 1 小時 30 分鐘。

7 燜煮約 1 小時後試味，如味道可濃些，加點南乳、腐乳、芝麻醬、麻油及柱侯醬。將火力略調大，略炒材料，逐少加入老抽上色，味道合適後，加入腐竹放進底部，放入竹筍片，加蓋，再燜 30 分鐘。圖 1

8 用筷子檢查羊腩是否軟腍，試湯汁味道，可加鹽 1/3 茶匙拌勻。

9 蘸汁料拌勻，加少許麻油（別太多會很搶味），拌勻後試味。

10 羊腩放於砂鍋，加入蒜仔及唐蒿菜，加蓋煮滾，熱辣辣的羊腩煲完成。

傑少入廚技巧

- 緊記羊腩必須用冷水汆水，羊腩內的污垢及雜質可徹底去掉。
- 有些人喜歡在白鑊先烘羊腩，如羊腩已汆水，可省略此步驟。
- 這款混醬味道需要拿捏恰當，湯汁好吃與否在於這個混醬。每款醬料的分量毋須太多，柱侯醬很搶味道，別放太多；芝麻醬只取它的香味就可以。
- 混醬不要一次過加進去燜煮，視乎情況而定。在燜煮的過程，如覺醬汁不足再加添較好，否則全部加入後太鹹，就難以補救。
- 羊腩較燥熱，加入竹蔗燜煮能中和羊腩的燥，而且令醬汁帶竹蔗的清甜味。

Fans 留言區

@user-xxxxxxxxxx
睇見都好味！一於照住來學，謝謝您！

@user-xxxxxxxxxx
睇你煮餸真的好鬼享受，我最欣賞你好 enjoy 煮餸過程。羊腩煲，外面唔係間間做得好，但你做呢個，正加正。多謝。支持你。

跟傑少學煮餸

▸Track 12

洋葱豬扒

多洋葱多豬扒，簡單易做好送飯！

瀏覽次數 1051K 👍 2.2K

無論上街吃或自己煮，洋葱豬扒都是我非常喜歡的菜式，而且材料簡單。我灑入由五種胡椒磨研而成的五椒粉，令豬扒香氣濃郁。

材料

- 有骨或無骨豬扒 4 塊
- 洋葱 2 個（切塊）
- 生粉水少許

醃料

- 黑胡椒碎 1/2 茶匙
- 生抽約 3.5 湯匙
- 老抽 2/3 湯匙
- 糖 1 茶匙
- 生粉 1 茶匙
- 麻油少許
- 水約 2 湯匙
- 油少許

調味料

- 草菇老抽少許
- 五椒粉少許

醬汁（拌勻）

- 蠔油 1 湯匙
- 生抽 1/2 茶匙
- 老抽 1/2 茶匙
- 糖 1/2 茶匙
- 胡椒粉少許
- 五椒粉少許
- 麻油少許
- 水適量

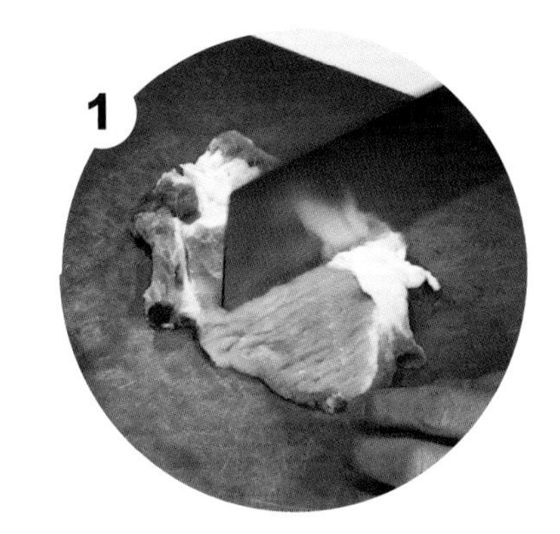

1. 新鮮豬扒用刀背輕剁，骨頭輕輕敲剁，在筋位切一刀。圖 1
2. 碟內放入黑胡椒碎、生抽、老抽、糖、生粉及麻油拌勻，倒入水略拌，逐一放入豬扒均勻地沾上醃料，用手拌勻待豬扒吸收醃料，加入油拌勻，醃一小時或一晚。
3. 燒熱鑊後加少許油，放入洋葱塊用小火炒至帶焦色， 加入少許草菇老抽炒勻，盛起。
4. 鑊內加少許油， 放入豬扒，轉小火，帶骨部分盡量放在鑊中間較易熟，灑入五椒粉煎香，翻面再煎一會，盛起，切塊。
5. 將豬扒放回鑊內，加入洋葱及醬汁繼續拌炒煮熟，下生粉水煮至醬汁濃稠，上碟。

傑少入廚技巧

- 在豬扒筋位切一刀，令豬扒煎後不會像魷魚般卷縮起來。
- 炒洋葱後不要洗鑊，再來煎豬扒，因洋葱的精華全在鑊裏，令豬扒帶洋葱香氣。
- 醃豬扒時，我喜歡將醃料放在平碟內調勻，然後逐塊豬扒放入拌醃；如直接將醃料倒進豬扒，調味會不太均勻。

Fans 留言區

u

@user-xxxxxxxxxx

喜歡傑老師把所有的程序説得清楚明白，洋葱豬扒是我喜歡的菜式之一。我不懂廚藝，睇過傑老師的視頻，有些信心了，多謝傑老師。

@user-xxxxxxxxxx

用咗傑少的方法煮洋葱豬扒，的確比我用噏汁煮的好味好多同香好多，醬汁一點都唔鹹，多謝傑少教路

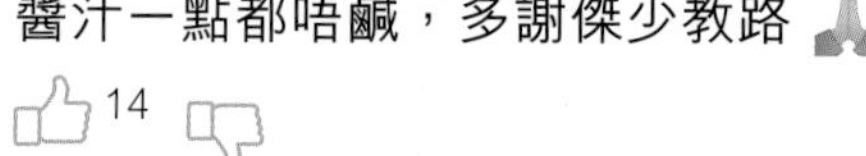

@user-xxxxxxxxxx

我今日第一次煮洋葱豬扒，好成功。多謝你呀！ 

傑少心情

天份與後天努力的煮食路

文：潘曉彤

「Hello 大家好！又係『傑少煮意』的時間！」——這句開場白大家可能聽來耳熟，因為四年來，蔡一傑不斷拍片分享煮食心得，煮出一道道美味。「開台」至今已吸引近 20 萬人訂閱。

廚房一直是傑少的另一舞台，他身邊多年來大飽口福的好友們早就知道，但這一面卻鮮有向大眾展示——有粉絲在短片中驚喜留言：「我人生第一個偶像原來煮飯咁叻！」疫情期間，預備煮年菜的他想要在「燜吓豬肉、冬菇」、「煮隻雞，蒸條魚」外搞搞新意思，打開 YouTube 一看，參考過許多煮食視頻教學後，便一時興起，叫來姨甥仔幫忙揸機，笑說「唔係咩大製作」，隨心用最輕便的手機拍攝煮菜步驟，簡單剪片。形式簡約，他卻堅持每個步驟都必須仔細講解，「點解不要這樣，點解要那樣，反正都要倒落去，點解要遲一點才放，一定有原因的。」他舉例洋葱和薯仔若太早放進鍋裏煮，溶掉了就吃不出了。「這樣的 tricks，一定要告訴大家，別人才會知道原來煮嘢有這些道理。」

為求買到心水食材，有時他要趕時間左撲右撲，便直接「one-man band」邊走邊自拍，偶爾更爆肚說句冷笑話，習慣面對鏡頭的他駕輕就熟，可謂「小菜一碟」。

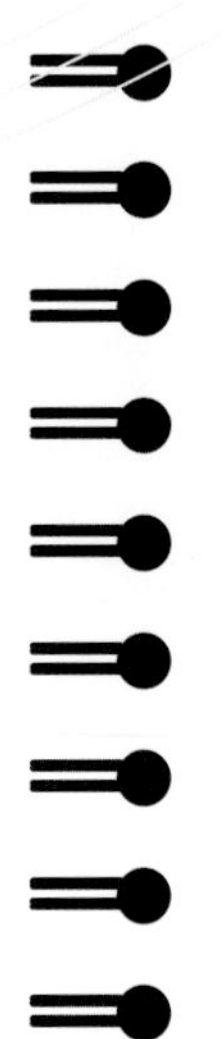

隔壁師奶們傳授煮食功法

雖在四年前才開始落手拍片，但廚藝並非朝夕能煉成。傑少回憶，當年初次入廚時，自己只有九歲。由於爸媽都要出外工作掙錢，家中兄弟姐妹輪流分擔家務，他常常在中午放學回家後，負責給家人煮簡單午餐，笑説當年還要自行點火水爐。説到煮食的啟蒙老師，傑少説必定是媽媽以及一眾鄰居師奶們。他的回憶中，有媽媽大汗淋漓蹲在廚房，在地上的砧板切菜切肉的身影，「一切完，她就話『阿傑，拎去醃咗佢』，我就拿着碟牛肉，走去……好像口訣一樣，落豉油、豆粉、糖。現在進步一點，可能多兩滴麻油，或者一點蠔油。這就是最初一些孕育我煮食的記憶。」

小時候，他們一家八口居住觀塘鯉魚門道邨，街坊鄰里關係很好。説到煮食天份，傑少自認觀察力強，有時到隔壁陳師奶、黃師奶家借豉油，總會趁機八卦別人家在煮甚麼，定神站在一旁觀看。他讚嘆世上其實好多煮食高手，而高手在民間，「譬如蘇師奶，蘇志威的媽媽，每逢過年她一定炸油角，我媽不做油角的，我就一定去那裏偷師。」那些小時候霎眼看過的「功法」今天即使未必記得，至少他少時已大致掌握許多家常小菜、應節小食的做法。

問傑少第一道學會的菜是甚麼，他想了想答：「煎蛋」。他説，小時候家境不太好，一家八口擠在僅二百尺單位，晚上睡覺要「打地鋪」，所以一家人對食物也不太講究，「最重要有嘢食。」雖説「不講究」，他暗下仍有自己的一點堅持，自豪可煎出燶邊及不同形態的雞蛋。平常家裏吃的都是蒸肉餅、炒飯等家常菜式；説起雞只有過時過節

才吃到，傑少想起從前更要親手屠宰活雞、撻生魚，「（今天）好多人下不了手的，但那個年代，你無辦法，你必須要生存，就必須要吃，你就必須去學。」他覺得雖是殘忍，但也算是一種環境造就的本能。

吃過的美味　完美複製

煮食是求生技能，烹飪卻講究技巧。少時環境所逼，向師奶們偷師，這是後天努力，而傑少在煮菜上，也展現出不能習得的天份。他想起一次獲電台節目《咪芝蓮》邀請做嘉賓的經歷，跟主持小儀到一家米芝蓮食府試菜。品嘗得獎菜式後，小儀説要考考他，問他能不能説用了甚麼食材。「我吃了之後，嗯，你表面第一層用了寒天粉做的，加玫瑰花，再將它打爛，然後隔掉玫瑰花的汁。中間那一層，你點點點，我都告訴他。」他記得在旁的廚師當場呆住了，大讚他的舌頭厲害，「我講得出95%用了甚麼食材、煮法。」傑少對自己的天份卻不以為然，「我覺得只要吃得多，只要對食材敏感，要細心，就自然學得到。」

吃得出只能稱為食神，他更可完美複製吃過的美味。一次朋友請他吃淮揚菜，盛讚某餐廳的雞汁蘿蔔非常好吃，盛情邀請他一同

傑少對煮食甚有天份，還有一份做菜的心思與熱誠！

品嘗。他一吃之下，卻覺得不甚了了，笑說：「真係把鬼！」一星期後，傑少特意邀請朋友來他家作客，「我叫他來，說我今日請你食嘢，你咁鍾意食雞汁蘿蔔，我做給你吃！」朋友吃過後，驚為天人，傑少自信說：「好食十倍！」秘訣是雞汁做好後要「放」，再「煨」進蘿蔔裏，「你不要少看一塊蘿蔔，那塊蘿蔔是充滿心機的。」

傑少廚房的不明文規條

傑少煮菜，喜歡親自到街市搜購食材，「我有家傭姐姐，但是我不喜歡她去買菜。我很怕，我都幾憎。」他說有些檔販會「欺負姐姐」，有時不足秤，回到家一看發現不夠用，有時已為時太晚，菜做不成，整頓飯也就泡湯。「所以我從來不會要家傭姐姐去。我覺得要識煮嘢，首先你要由採購開始。」傑少買菜喜歡先逛一圈，看看有甚麼時令、當天有甚麼新鮮，有時即興配搭，也能適時調整分量。

回到廚房，他也有自己一套規矩，調味料的位置不能搞亂，煮食時才能得心應手。他亦自嘲麻煩，說現在的廚房其實不太理想，因為「個火太細」。「我自己好鍾意好猛火，我之前那間屋個火真的很厲害，雖然是煤氣爐，一開個火就噴一噴，好旺的，煮嘢好好，怎樣調校都可以。」他無奈說，以前一道煮四十分鐘的菜，現在要一個半小時才完成，火力不夠猛十分要命。

火要夠猛，烹調才能恰到好處。傑少從廚房的五味雜陳體味人生，一切要恰如其分，「和人生一樣的，煮東西根本沒有捷徑。」傑少說自己從沒試過偷步省功夫，還沒來得及多談他的人生閱歷，他又談起煮菜來：「我舉個例，你燜豬手一定要五十分鐘以上，或者一個鐘頭三個字左右。」他的人生，與美食緊緊連繫起來。

家的廚房，是傑少第一個舞台，
年紀輕輕為家人做飯，是回憶！
尋常的肉碎茄子、土魷蒸肉餅，
是爸媽留給他們美味的回憶，情深意長！

童年回憶的味道

▸ Track 01

土魷馬蹄蒸肉餅

傑少媽媽味的蒸肉餅，
想起兒時母親為你做的一切！

瀏覽次數 178K 👍 4.7K

小時候，媽媽經常給我們做蒸肉餅，這是媽媽的味道，是我兒時的回憶。我喜歡加入吊片混和肉碎，吊片的鮮味加上爽脆的馬蹄，就是最好味的蒸肉餅。

材料

- 豬肉 300 克
- 吊片 2 隻
- 馬蹄 2 顆
- 葱 2 棵（切粒）
- 生抽及熟油各適量

醃料

- 雞蛋 1/2 隻（拂勻）
- 生粉 1 茶匙
- 鹽 1/2 茶匙
- 糖 1/2 茶匙
- 麻油 1/2 茶匙

1. 豬肉先放冰箱冷藏一會至略硬，從中間切下，至豬皮時橫切去豬皮，切薄片後切條，再切成粒，隨後用刀剁，換另一方向再剁（但不能剁得太爛）。圖 1
2. 吊片浸泡水（不要浸太久，保留魷魚味道）去掉魷魚頭及骨，切成粒。
3. 馬蹄用刀拍碎（喜歡可用刀切），輕輕用刀剁一下，備用。
4. 豬肉放進入碗內，加入生粉及鹽用手輕揉至有黏性，放入半隻雞蛋拌勻，加入糖及麻油攪拌，摔打肉碎數次至起膠，加入吊片及馬蹄輕力搓勻，均勻地鋪在碟內，中間部分不要太厚。圖 2
5. 水煮開，放入肉餅，加蓋，用大火蒸約 12 分鐘，完成後淋上已混和的生抽及熟油，灑上葱花即成。

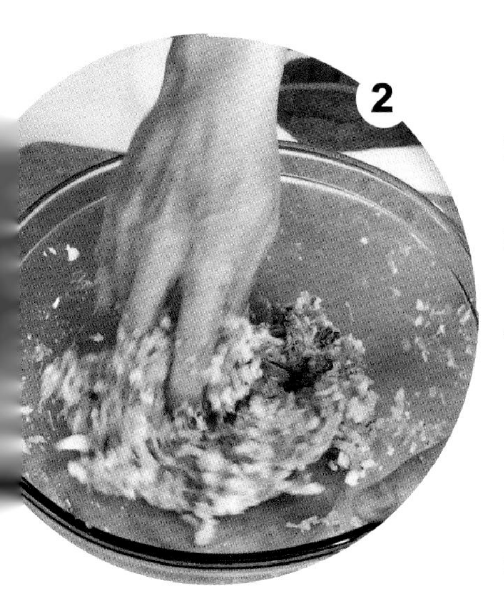

傑少入廚技巧

- 豬肉不要剁得太碎，吃起來口感太爛。我喜歡自己親手用刀剁肉餅，不用絞肉機因為會破壞肉質的纖維。
- 吊片不能切得太細，剛剛好吃到魷魚粒就好了。
- 肉餅鋪在碟上不要壓得太實，鬆鬆的蒸出來的肉餅才好吃。

Fans 留言區

@user-xxxxxxxxxx
這道土魷蒸肉餅，傑少細心製作，單看賣相已經流晒口水，好想吃了！
22

@user-xxxxxxxxxx
媽媽愛心豬肉餅， 我都好鍾意呀，兼且又容易整 
12

▸ Track 02 🔊

傑少茄子

榨菜肉碎茄子，上大枱見得人，好送飯，多多不夠吃！

瀏覽次數 320K 👍 8.2K

小時候，爸爸會給我做這道菜，現在我重新演繹他的味道。每次煮這道餸，都會想起爸爸，他經常下廚煮飯給我吃，腦海裏有很多回憶的片段，那時候的我大約六、七歲，常常看着他煮菜，我現在懂得做菜都是從小爸媽傳授給我的，多謝爸媽！

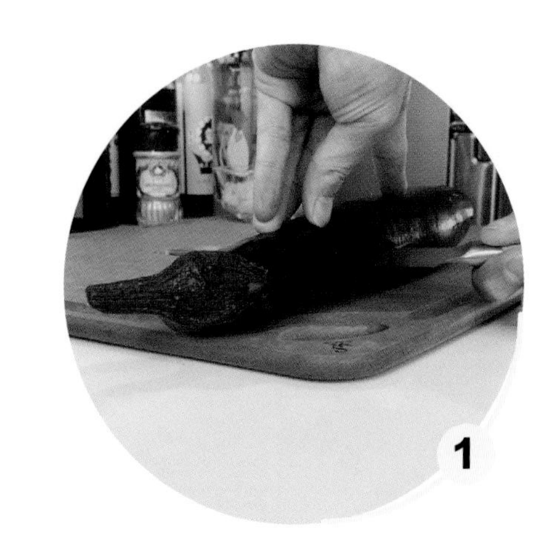

材料

- 茄子 2 條
- 豬肉碎 150 克
- 榨菜 2 片
- 葱 2 棵（切粒）

醃料

- 生抽、糖、胡椒粉、生粉、麻油、水及油各少許

調味料

- 老抽、生抽、糖及麻油各少許

1. 豬肉碎先用生抽、糖、胡椒粉、生粉及麻油拌勻，記得加少許水混和攪拌，最後下油繼續攪拌。
2. 榨菜洗淨，去掉較硬部分，切粒，如覺榨菜太鹹可氽水去鹹味。
3. 茄子由底部橫切至 2/3 位置成十字形，保留蒂部。水煮開，加入鹽 1 茶匙及少許糖，放入整條茄子，不時翻動，煮至自己合適的軟度，取出，瀝乾水分。圖 1–2
4. 鑊燒熱，加入多些油，放入肉碎用小火炒勻，下榨菜粒拌勻，灑入老抽調色，再下生抽、糖拌勻，最後加入麻油，熄火，拌入葱花，淋在茄子上，完成。

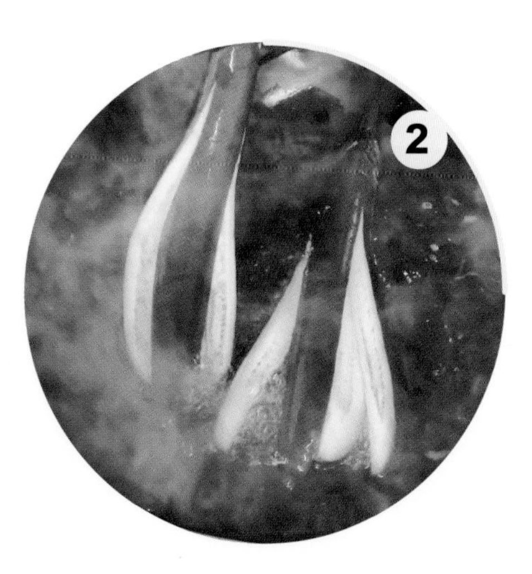

傑少入廚技巧

- 醃肉的調味料分量都是一點點，因為榨菜偏鹹，而且最後炒肉時需要調味，以免醃肉太重手令整道菜過鹹。
- 榨菜的分量不要多於豬肉碎，比例要剛好。
- 茄子可用蒸的方法，但水分會較少，後續炒肉的步驟相同。
- 炒肉碎時，如覺油分不夠，可多加一點點，因為茄子會吸收大部分油，油不足就不好吃了。

Fans 留言區

@user-xxxxxxxxxx
傑少好廚藝深得爸媽真傳，有媽媽味道蒸肉餅，亦有爸爸味道茄子 👍

16

@user-xxxxxxxxxx
有榨菜肉碎，好味啊 😋😋！送飯一流 👍

8

▸ Track 03

叉燒銀針粉

傑少教你做懷舊美食，童年回憶返晒嚟！

瀏覽次數 102K 👍 3.4K

小時候上酒樓，點心姐姐推着點心車叫賣，蝦餃、燒賣、山竹牛肉……還有一碗碗銀針粉。算算手指，這個銀針粉我已經有 20 年沒吃過了，很懷念！

材料

- 銀針粉 600 克
- 叉燒 1 條（切絲）
- 銀芽 20 克（隔水）
- 韭黃 10 條
- 葱 5 棵
- 蒜肉 2 粒
- 紅蘿蔔 1/2 條
- 洋葱 1/3 個
- 黃燈籠椒 1/2 個
- 青燈籠椒 1/2 個
- 炒香白芝麻適量

調味料

- 生抽 2 湯匙
- 老抽 1 湯匙
- 日式燒肉汁 1.5 湯匙
- 鹽 1/3 茶匙
- 糖 1/2 茶匙
- 麻油少許
- 蠔油少許

1. 紅蘿蔔刨皮，切絲。韭黃及葱切段，葱白和青葱分開。黃椒、青椒及洋葱切絲。蒜肉剁蓉。
2. 燒熱鑊，加入油，放下銀芽爆炒至半生熟，盛起。
3. 再加入少許油，調至小火，放入洋葱略炒至散發香氣，盛起。
4. 燒熱鑊，倒入油，放入蒜蓉爆香不帶焦，加入銀針粉拌匀，下叉燒、葱白及紅蘿蔔絲炒匀，加生抽、老抽、燒肉汁、鹽及糖拌匀，試一下味道。
5. 調大火，放入青椒、黃椒、葱絲、洋葱及銀芽，拌炒均匀，最後放入韭黃段略拌，熄火，拌入少許麻油及蠔油炒匀，最後灑上白芝麻即可。圖 1

傑少入廚技巧

■ 銀芽容易釋出水分，若炒鑊熱力不足，炒出來的銀芽會不好吃。

■ 青椒及黃椒毋須太早放入，否則口感不佳，而且甜椒可以生吃。

Fans 留言區

u

@user-xxxxxxxxxx

兒時回憶返晒來，今個星期可以煮比小朋友吃！

@user-xxxxxxxxxx

聞到香味、炒得好香 😍 好足料，五顏六色，灑上芝麻，賣相好啊 😍

跟傑少學煮餸

▸ Track 04

家鄉煎釀燜豆腐

簡單食材，煮出不一樣的美食！

這道菜很簡單，步驟不太複雜，經濟實惠。其實，只要用心做菜，任何平價的食材都能煮得很美味。

材料

- 板豆腐 2 塊
- 鯪魚肉 150 克
- 生粉及熱水適量
- 葱花 3 湯匙
- 生粉水適量

調味料

- 胡椒粉 1/2 茶匙
- 鹽少許
- 糖少許
- 麻油 1/2 茶匙

醬汁料

- 蠔油 1 茶匙
- 生抽 1/2 茶匙
- 老抽少許
- 糖 1/2 茶匙
- 胡椒粉少許
- 麻油 1 茶匙
- 水 1.5 湯匙

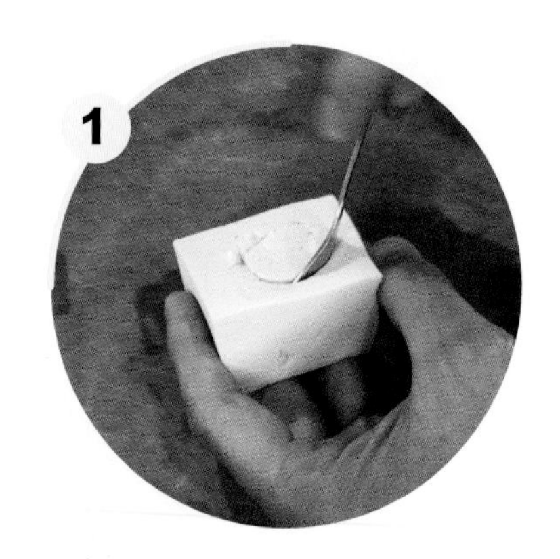

1 鯪魚肉加入胡椒粉、鹽、糖及麻油，拌勻。
2 豆腐切成 4 件，在豆腐面挖一個洞，抹上生粉，釀入鯪魚肉，抹平。圖 1
3 燒熱鑊，下油，放入釀豆腐以中小火煎香，先煎魚肉一面，用手輕壓一下，讓魚肉剛好貼在鍋內，翻轉煎至四面至金黃色。圖 2
4 將煎好的豆腐轉放砂鍋，開火，加入熱水及已調勻的醬汁拌勻，加蓋，轉小火，繼續燜煮 5 分鐘。
5 慢慢加入生粉水埋芡，調至大火煮滾至濃稠，灑點麻油，熄火，灑上葱花，熱辣辣上桌。

傑少入廚技巧

- 鯪魚肉加入葱花或芫荽拌勻，增添香氣。
- 醬汁煮得濃稠，才最好吃。
- 板豆腐質地較實，釀魚肉時不容易破爛。

Fans 留言區

@user-xxxxxxxxxx
簡單的材料煮出不簡單的味道，正啊！

17

@user-xxxxxxxxxx
留意到落咗三次麻油：(1) 魚肉調味 (2) 煮豆腐嘅汁 (3) 上菜前。每次少量，相信整個燜豆腐的香味更有層次感，會好味 😋 好專業啊！

13

傑少心情

自創的兒時味道

文：潘曉彤

兒時的廚房，是傑少煮食的起點。他從媽媽的背上出發，記憶中最早的片段是媽媽用揹帶將他綑在背上，提着菜籃一起到街市買菜。他們穿過陣陣腥臊，踏過積水處處的路面，傑仔左顧右盼，伸手去抓，眼見生果檔的桔仔幾好食，就左一把、右一把，抓來不少收穫。當媽媽發現傑仔吃得津津有味，才知道這個「衰仔」沿途一直在順手牽羊。回憶童年的味道，傑少想起的，並不是舌尖上的驚喜瞬間，而是日復日、實實在在的生活經驗。

總傳來剁肉餅聲、豬油香

「剁剁剁……」他笑說，從前每逢聽到這樣的聲音，就知道有鄰居今晚吃肉餅了，「那時怎會有人替你絞豬肉？一定是用兩把刀剁。」有時他會假意借醬油，看準時間走過去，有時會獲隔壁師奶邀請坐下吃上幾塊。同一道蒸肉餅，每個家庭都有自己獨有的味道，蔡媽媽的肉餅就有兩種——配上土魷冬菇馬蹄，或是簡單加上鹹蛋。

家裏誰有空，誰便當大廚，蔡家有時換爸爸下廚。蔡爸爸的蒸茄子也是他們家飯桌上的一道經典。傑少形容爸爸切茄子的刀法獨特，「買兩條茄子回來，咁大件，十字形切，係我阿爸才這樣切。」焓了茄子，澆一點豉油、熟油即成。這道菜毫無花巧，「葱都無一粒。」一條一條茄子塊攤放碟上，一家大小用刀叉分食，份外滋味。傑少笑說這樣吃「幾有排場」，卻從沒考究爸爸為何要這樣做，卻提起了他在烹調南乳燜粉腸時展現的智慧。這道蔡爸爸經常做的「名菜」，炮製時須先將粉腸以禾稈草紮好，一整束放進米粥而非沸水裏煮是箇中秘技，「這樣才會煮軟，用熱水不會軟的。」煮軟後輕輕沖洗，就可以南乳起鑊，加點蒜頭，下粉腸炒兩炒再焗煮，惹味非常。想起許久沒煮過這一道菜，傑少提起時不禁乾嚥了一下 ，挺起身，幾乎馬上要站起來直奔街市。

小時候的廚房，在傑少腦海裏是個充滿豬油香的地方。那個物質貧乏的年代，柴米油鹽醬醋茶，各家各戶能省便省。許多家庭吃不起昂貴「生油」，許多屋邨主婦包括蔡媽媽在內都會從街市買來肥肉，回家自行烹炸食油。傑少記得他家爐頭旁有一個麥芽糖碗，炸好的豬油會倒進去，每次煎蛋他都會澆一些，香氣四溢。而炸油剩下的豬油渣，他們會用來伴上海麵，做出令人難忘的另一道家常美味。

吃不下的薑蓉鮮雞

傑少兒時的廚房除了豬油香，也有消失的雞鳴。他憶起小時候曾經從街市買了四、五隻小雞飼養的經歷。當年傑仔還特意為小雞們起了名字，平時栓在騎樓，但一有空便會帶牠們

到街上散步。小雞日漸長大，長出明顯的翅膀，長成了好大隻。他記得其中一隻跟他感情特別好。「我覺得雞是很有靈性的，牠會聽⋯⋯」有天他忽發奇想，問牠：「你想不想飛啊？不如我抱你去飛？好不好？」「你有翼，其實可以飛。」那時，人雞對望了好一會，傑少覆述當日牠如何「咯咯咯」示意。當時他把愛雞抱起，着牠準備好，數畢一、二、三，他用力往上拋，把雞拋到二樓半空。他記憶中，愛雞於空中猛力拍翼，最終成功緩慢降落。他仍記得很清楚，當時愛雞如何透過「咯咯咯」表達「我懂飛了」的興奮，説那次他們都很開心。

正如許多同代人遭遇過的相似悲劇，傑少有天回到家，聽不見雞鳴已覺不妥，蔡媽媽也沒多解釋。當晚飯桌上出現了一碟鮮雞。「嘩！那晚我真的好嬲，因為她殺死了我的寵物！而且還要在桌上，食啦阿傑！還要點薑蓉。」那次他氣了整整一星期，更氣得沒有上學。

偷吃炒「冷飯」、普洱「茶漬飯」

蔡家餐桌上，倒也不是能隨意放肆，有一條傳統規條一直嚴厲執行——無功者就飯餸不留。傑少説，大家姐有時要加班，飯菜總會留一點給她，而自己則曾因扭計和默書「零雞包」，被禁食晚餐。創意往往源於限制——回想這段往事時，傑少突然興奮大喊：「飯焦！」徐徐回味被罰那個晚上，獨自走進廚房炮製的美味，説自己會偷偷拿起飯勺往飯鍋裏刮，用那些剩下的冷飯來炒飯醫肚，有時更會直接沖普洱茶，澆進飯鍋將發硬的飯焦泡軟，簡簡單單弄個「茶漬飯」，比人們今天加入三文魚和梅子的版本雖是「原始」一點，卻已風味十足。

叫傑少回味的兒時味道，還有來自汕尾海豐的家鄉滋味。小時候每逢過時過節他都會回鄉，叔叔會為他預備一整桌豐富餸菜。說起來他有點自豪：「你有沒有吃過甜的燜豬肉？」「我其實很想做這一道菜，讓大家知道原來世間上有甜的豬肉，用紅棗、黑糖來燜甜的豬肉，很好吃，很好吃！」去年七月，他在相隔十多年後再次回鄉探親，順道向煮菜一流的表妹偷師，學懂了一道傳統菜式。簡而言之，就是自己搓麵糰，然後撕成一塊塊下湯。精髓在於湯底——以蝦乾、魷魚、豬肉、菜、芹菜和豬油渣熬成，鹹香鮮甜至極。他也給家鄉的親友煮來碗仔翅，「嘩，他們好開心。大家交流美食。我覺得食物是一種可以讓 family get together 的連繫方式。」

環境成就創意！年少簡單的生活體驗，讓傑少擁有無限的煮食靈感及創意。

傑少滿腦子靈感，
樂意分享烹調小竅門給大家，
希望大家跟他一樣，
在過程中獲得快樂及滿足感！

傑少的家常煮意

▶跟傑少學煮餸

▸Track 01

西芹炒蟶子王

清洗蟶子最緊要！傑少教你洗蟶子竅門！

瀏覽次數 130K 👍 3.9K

經過海鮮檔，看到肥美的蟶子，配搭清爽的西芹，來一道快炒小菜，是我很喜歡的菜式，最重要學懂清洗蟶子肉的不敗竅門！

材料

- 蟶子 6 隻
- 西芹 1/2 棵
- 韭黃 30 克
- 草菇 6 顆
- 紅蘿蔔 1/2 條
- 乾葱頭 1 粒（切圈）
- 蒜頭 1 粒（切片）
- 薑 1 塊（切片）
- 生粉 1 湯匙（用水拌勻）

調味料

- 糖 1/2 茶匙
- 鹽 2/3 茶匙
- 菇粉或雞粉 1/2 茶匙
- 胡椒粉少許
- 蠔油少許
- 麻油少許

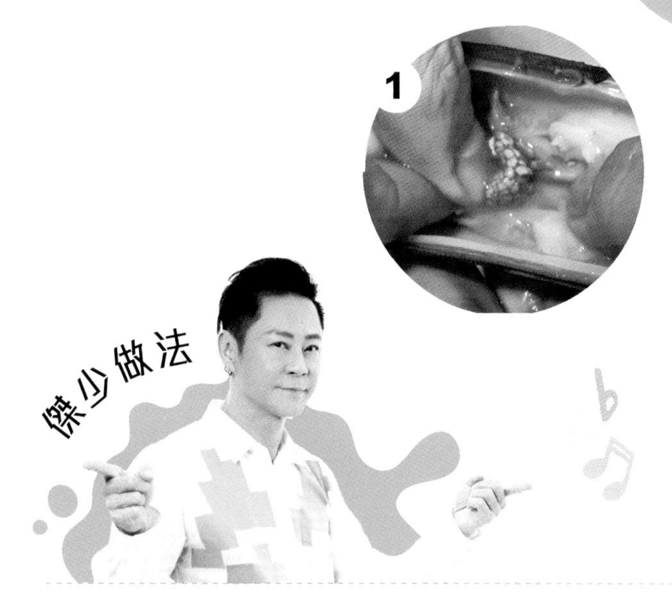

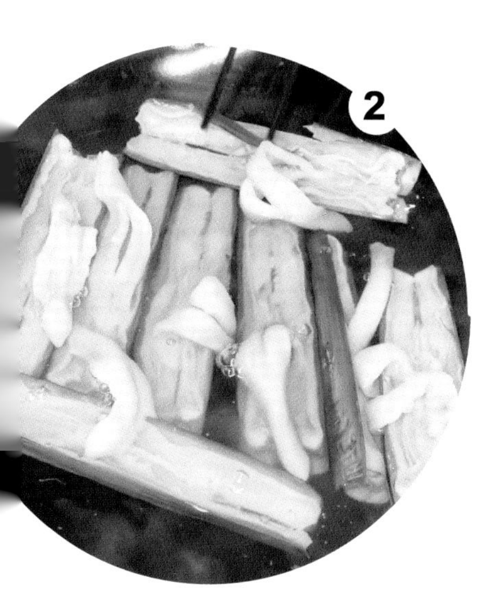

1. 蟶子用小利刀由中間剖開，去掉內臟，洗淨。放入熱水灼 10 數秒，待蟶子肉卷起，即放入冰水內，清除餘下的內臟，洗擦乾淨，切件。圖 1–2
2. 西芹折斷，撕去粗纖維，斜切成塊。草菇切去發黑部分，再切小塊。韭黃去掉頭尾兩端，切成小段。紅蘿蔔切片，用印模壓成花狀。
3. 水煮開，放入西芹、糖及鹽灼 30 秒，撈起，泡在冰裏，備用。
4. 鑊燒熱下油，放入薑片、蒜片、紅蘿蔔、乾葱頭及草菇爆香，再放下西芹翻炒，加入糖、鹽、菇粉及胡椒粉，下蟶子翻炒，試味。加入少許水及蠔油拌勻，拌入韭黃，生粉水慢慢炒勻，上碟前拌入少許麻油 ，完成。

■ 蟶子肉略灼後泡浸冰水，以免肉質變硬變韌不好吃。
■ 西芹用水先汆燙，能縮短快炒的時間。

Fans 留言區

u @user-xxxxxxxxxx
一般都係豉汁蟶子皇，傑少用西芹炒，有新意 👍👍 爽爽爽！！！多謝傑少 😘😘

@user-xxxxxxxxxx
原來清洗蟶子要如此嚴謹才可以乾淨透徹！好用心喔～多謝傑少耐心的分享！❤️

跟傑少學煮餸

▸ Track 02

香煎三文魚

傑少教你香煎三文魚，皮脆嫩滑竅門！

瀏覽次數 289K 7.5K

雖然我比較喜歡吃中餐，但偶爾也會烹調西式食品。三文魚營養好，肉質嫩滑。想體態好看？不妨吃三文魚吧！脆脆的三文魚皮，你又怎能錯過呢？

材料

- 三文魚 1 塊（300 克）
- 馬鈴薯 1 個
- 法式邊豆 10 條
- 車厘茄（黃色、橙色、紅色）8 顆

三文魚調味料

- 黑胡椒少許
- 鹽少許

薯蓉調味料

- 黑胡椒少許
- 鹽少許
- 牛油 20 克
- 牛奶少許

1. 馬鈴薯去皮，切成 4 件，放入熱水煮至軟身，壓成薯蓉，灑入鹽及黑胡椒，拌入牛油混和，加入牛奶拌勻，試味。
2. 三文魚抹乾水分，在魚皮表面劃上三道，在魚兩面灑上鹽及黑胡椒，備用。圖 1
3. 法式邊豆切去頭尾兩端，放入熱水灼約 1 分鐘，盛起，灑上鹽。
4. 平底鍋加熱後放入油，用小火先煎魚皮，用鑊鏟輕壓魚肉，煎魚時不要隨意翻動，讓它慢慢煎熟，或可用油淋在厚魚肉上，翻轉魚肉煎至七成熟。圖 2
5. 鍋子加熱餘油，放入車厘茄略炒，灑一點鹽，擺盤上碟即成。

傑少入廚技巧

- 煎魚的秘訣是緊記不隨意翻動，讓魚肉慢慢煎熟；如一直翻動它，魚肉很容易散開，就不好看了。
- 薯蓉加入少許北海道牛奶拌勻，味道香濃；但若牛奶太多，薯蓉卻會太軟不挺身。
- 三文魚千萬不要煎至全熟，這樣魚肉太乾不好吃，大概煎至七成熟就最理想了。

Fans 留言區

@user-xxxxxxxxxx

Wow~ 美味的香煎三文魚，就算吃了會肥咗也要嘗一嘗 😋😘 多謝傑少用心分享料理 😘

@user-xxxxxxxxxx

靚仔教煮 😍 色香味美三文魚 😋 好正 👍👏

👍 12 👎

@user-xxxxxxxxxx

💯💯 支持傑少煮意 👍 香煎三文魚營養豐富，好味 😋

👍 16 👎

▸Track 03

蜜糖豆炒牛腱

蜜糖豆最夾牛腱，爽口好味，快炒必學！

瀏覽次數 6.8K 👍 2.4K

牛腱可以煲湯或燜燉，今次我選新鮮牛腱，配搭蔬菜、紅蘿蔔及雲耳，一道菜吃盡葷素食材，營養均衡，快快手成為晚飯的主角。

材料

- 牛腱 250 克
- 蜜糖豆 150 克
- 新鮮百合 1 個
- 紅棗 8 顆（去核）
- 雲耳 20 朵
- 紅蘿蔔 1/3 條（切小片）
- 洋葱 1/2 個（切小片）
- 薑 1 小塊（切小片）
- 蒜肉 1 粒（剁蓉）

醃料

- 糖 1/2 茶匙
- 生粉 1/2 茶匙
- 生抽 1.5 茶匙
- 蠔油 1/2 茶匙
- 麻油 1/2 茶匙
- 胡椒粉少許
- 水少許
- 油少許

調味料

- 糖 1/2 茶匙
- 鹽 1/3 茶匙
- 蠔油 1 湯匙
- 紹興酒 1 瓶蓋

1. 牛腱用糖、生粉、生抽、蠔油、麻油及胡椒粉拌勻，加少許水攪拌（水要分幾次慢慢加入），讓肉完全吸收，再加少許油拌勻緊封調味料。圖 1
2. 雲耳用水浸泡，剪去硬蒂，用水略灼去掉菇菌味，瀝乾水分。
3. 蜜糖豆摘去兩邊硬筋及頭尾兩端，汆水約 1 分鐘（要吃爽脆口感，不要燙得太軟），放入冰水浸一會。新鮮百合洗淨，瓣開備用。圖 2

3

4 燒熱鑊，加入油，放入牛腱撥鬆及翻面再炒，放入蒜蓉炒勻，盛起。

5 鑊熱透，加入油，調至小火，放入薑片、洋葱片和紅蘿蔔片爆香，加入紅棗及雲耳翻炒一下，調大火，放入蜜糖豆炒勻，下百合及牛腱，調至小火，加入蠔油、鹽及糖續炒，調大火，灒入紹興酒炒香，上碟即成。圖 3

- 醃牛肉時加點水，品嘗時肉質會較多肉汁。
- 炒煮時要留意火力的調動，適時調低火力，以免食材炒至焦燶。
- 食材是隨意搭配，可視乎個人喜歡的食材來配搭牛腱。
- 蜜糖豆灼 1 分鐘後，即放入冰水待涼，令蜜糖豆呈現爽脆及翠綠色澤。

Fans 留言區

@user-xxxxxxxxxx
這道蜜糖豆炒牛腱，非常惹味！

@user-xxxxxxxxxx
甜豆跟牛腱都是我平常都會煮的菜，但從來沒有一起炒，下次試試，謝謝分享。

@user-xxxxxxxxxx
好特別的一道料理喔！ 看起來好美味可口 謝謝傑少的分享！

▸Track 04

韮菜花炒鮮魷

五分鐘上菜！做法簡單，嗰啲放工煮飯嘅上班一族！

這道餸很適合上班或沒有太多時間做菜的朋友，有時候下班回來已經很晚了，這道快炒菜非常適合，我推薦給你們。

材料

- 鮮魷魚（中）3 隻
- 韭菜花 1 紮
- 蒜頭 4 粒

魷魚醃料

- 生粉 1/2 茶匙
- 鹽 1/4 茶匙
- 胡椒粉少許
- 紹興酒 1/2 瓶蓋
- 薑汁 1/2 茶匙
- 麻油 1/2 茶匙

調味料

- 糖少許
- 鹽少許
- 蠔油少許

傑少做法

1. 魷魚去掉眼、墨囊及骨，洗淨，切塊，魷魚鬚切半，放入醃料拌勻醃 30 分鐘。圖 1
2. 韭菜花切去尾部，切段；蒜頭輕拍壓一下。
3. 燒熱鑊加入油，用小火爆香蒜頭，調大火，放入魷魚炒勻，灑入半瓶蓋紹興酒翻炒，用隔篩盛起，取出蒜頭。
4. 鑊燒熱加油，放入韭菜花翻炒，加少許水以防焦燶，灑入鹽及糖炒勻，加入鮮魷及蠔油調味快炒，讓韭菜花炒出來爽脆，完成。圖 2

■ 做菜時要感受一下食材的質感，我喜歡用手來拌抓材料醃味，比較好一點；如用筷子的話則拌得不太均勻。

■ 魷魚可以請魚販幫忙清理內臟及墨囊等，簡化在家做菜的步驟。

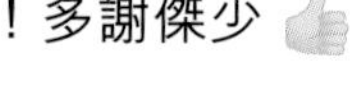

@user-xxxxxxxxxx
傑少照顧周到 🥰 呢個快炒菜確係啱晒放工煮飯嘅人！多謝傑少 👍
👍 18 👎

@user-xxxxxxxxxx
今次學到炒魷魚唔會出水，下星期買材料跟住做 😉

15

▸ Track 05

沙嗲粉絲黑毛豬

沙嗲香噴噴、豬肉軟綿綿，簡單又易做！

瀏覽次數 67K 👍 2.25K

惹味的菜式大家都喜歡，熱辣辣的沙嗲粉絲黑毛豬，好味誘人，步驟簡單，而且容易上手，新手入廚都能夠輕鬆完成。

材料

- 西班牙黑豚肉 200 克
- 粉絲 2 紮
- 金菇 1 包
- 芹菜 1 棵（切段）

沙嗲醬汁

- 沙嗲醬 1.5 茶匙
- 花生醬 1/2 茶匙
- 乾葱頭 2 粒（切碎）
- 蒜頭 3 粒（略拍）
- 雞湯 250 毫升
- 水少許

調味料

- 鹽 1/3 茶匙
- 糖 1/4 茶匙
- 黑胡椒少許
- 老抽 1/2 茶匙
- 生抽 1/2 茶匙
- 胡椒粉少許
- 麻油少許

1 燒熱油，下乾葱頭及蒜頭爆香，放入沙嗲醬爆炒至散發香味，倒入雞湯拌勻，試味，灑入鹽調味。

2 放入粉絲吸收湯汁，調至中小火，如覺湯汁不足可加少許水分，放入花生醬拌勻，灑入黑胡椒，放入金菇略煮，調入老抽及生抽混和，灑入胡椒粉、糖及麻油調味。

3 鋪上黑毛豬肉片至熟，轉放瓦鍋內，最後灑入芹菜段，加蓋煮 1 分鐘至滾，熱辣辣上碟。圖 1–2

- 黑毛豬肉片毋須煮太久，轉色後再煮一會即可。
- 沙嗲醬必須用油爆炒才能散發香味，令菜式惹味好吃。

Fans 留言區

u

@user-xxxxxxxxxx

這道菜看起來好吃又簡單。謝謝傑少的分享 👍🙏

10

@user-xxxxxxxxxx

我今晚跟你煮咗呢個鍋，簡單及超好味，謝謝你！

c

@user-xxxxxxxxxx

又一道快靚正嘅餸，最啱放工沒時間煮飯的人，多謝傑少！

▸ Track 06

金銀蛋豆腐

簡便好吃涼拌菜，款待親友必選菜式！

瀏覽次數 96K 👍 3.1K

這是一道涼拌菜，話說有次到施南生小姐家作客，她端來一道前菜，我讚嘆超級好吃，問她怎樣煮，原來烹調方法很簡單，而且毋須調味，我推薦給大家試着做！

傑少做法

材料

- 布包豆腐 2 磚
- 皮蛋 2 隻
- 鹹蛋 2 隻
- 葱 3 棵（切粒）
- 蠔油 1 湯匙
- 麻油 2 湯匙

1. 布包豆腐切成 4 塊，放入熱水汆燙 3 分鐘，不需要煮太久，瀝乾水分，放涼，冷藏。
2. 鹹蛋焓熟，中間切開，用湯匙掏出鹹蛋，切成小粒。皮蛋剝殼，略切。
3. 將豆腐放在碟子中間 ，鋪上鹹蛋及皮蛋，加入蠔油及麻油，在中間弄一個小洞，灑上葱花，拌勻即可品嘗。

傑少入廚技巧

- 用湯匙將鹹蛋掏出來，做法比較簡單，而且不用剝蛋殼，節省時間。
- 鹹蛋要切得小一點，這樣才能鋪滿豆腐上，不然會吃到很濃的鹹味。
- 葱花多一點更好吃，攪拌後品嘗，每一口都有豆腐、皮蛋、鹹蛋和葱花。

Fans 留言區

@user-xxxxxxxxxx
呢個涼拌菜超簡單易做，加埋麻油，又香又好味，諗起都流口水
多謝傑少快靚正分享

15

@user-xxxxxxxxxx
之前做皮蛋豆腐只懂得加皮蛋，沒有試過加鹹蛋，我這次要試試！
謝謝傑少分享！

11

▸Track 07

滑蛋蘆筍炒牛肉

快炒新配搭！加蘆筍炒滑蛋牛肉！營養豐富，帶飯一流！

瀏覽次數 150K 4.4K

這是一道快炒菜式，有肉有菜還有雞蛋，營養成分很高，極力推薦給需要帶飯上班的朋友，在公司也可以吃得很豐富又有營養。

材料

- 牛肉 200 克
- 雞蛋 5 隻
- 蘆筍 4 條
- 洋葱 1/2 個（切絲）

牛肉醃料

- 生抽 1 茶匙
- 糖 1/3 茶匙
- 生粉 1/2 茶匙
- 胡椒粉少許
- 麻油少許
- 蒜蓉少許
- 油少許
- 水少許

雞蛋調味料

- 鹽少許
- 生粉 1 茶匙（用水拌勻）
- 油少許
- 胡椒粉少許

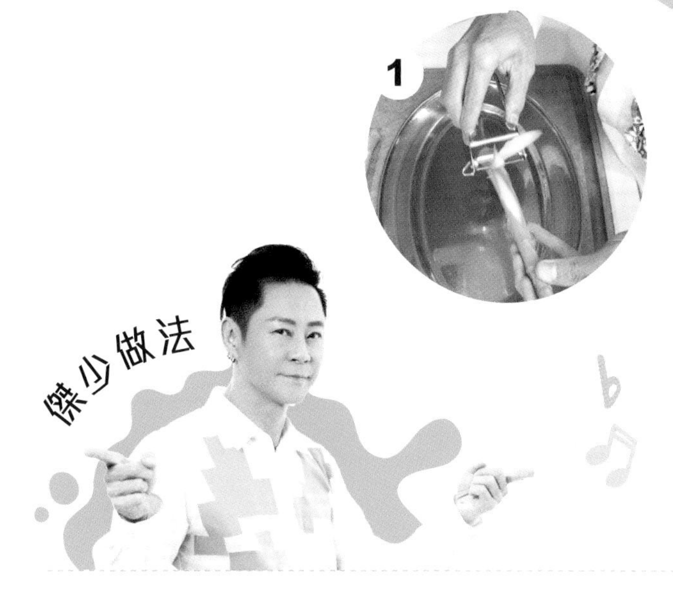

1. 牛肉以生抽、糖、生粉、胡椒粉及麻油拌勻，加蒜蓉、油及少許水拌勻。
2. 蘆筍輕刨末端，切掉尾部，切成斜段。燒熱水，放入鹽及糖，加入蘆筍段灼 30 秒，瀝乾水分。圖 1
3. 每隻蛋先敲破放入小碗，確定是否壞蛋，再倒入大碗內，加入鹽及生粉水攪拌。
4. 鑊燒熱下油，牛肉加少許油拌鬆，下牛肉炒開，加入洋葱及蘆筍翻炒，灑入鹽調味，盛起。
5. 蛋液加入少許油及胡椒粉拌勻。鑊燒熱加多些油，調至小火，放入蛋液拌開，加入炒好的牛肉翻炒，熄火，上碟。圖 2

2

傑少入廚技巧

- 做菜前需要確定步驟次序，例如先醃肉類，醃製時可處理其他食材。
- 牛肉加入水分拌勻，炒出來滑嫩多汁。
- 緊記別將蘆筍牛肉的汁全倒進滑蛋內，可先用隔篩瀝乾汁液，以免成品水汪汪。
- 蛋液與生粉水拌和，吃入口的雞蛋更嫩滑。

Fans 留言區

u

@user-xxxxxxxxxx

嘩！肉質鮮滑、蛋香濃郁，更有蘆筍和洋葱兩大健康食材 👏 營養豐富，健康美味 😋 多謝傑少誠意推介！👍

👍 24 👎

s

@user-xxxxxxxxxx

好正啊！👍 很喜歡呢碟高營養又美味的料理 😍 可以添多碗飯吃 🍚 Thank you 傑少！

👍 12 👎

▸ Track 08 🔊

杞子黑毛豬燜冬瓜

黑毛豬原來可以咁樣做，配冬瓜一流！

瀏覽次數 128K 👍 3.4K

炎夏季節，通常離不開瓜瓜菜菜，冬瓜有消暑的作用，包你吃過後，胃口大增，多吃兩碗飯。如喜歡，可加入燒肉一起煮，帶有焦香味，非常正！

材料

- 黑毛豬排骨 600 克（斬件）
- 冬瓜 600 克
- 杞子 20 克（略洗）
- 薑 6 片
- 葱 2 棵（切段）
- 紹興酒適量

醃料

- 生抽 2/3 茶匙
- 糖 1/3 茶匙
- 鹽 1/3 茶匙
- 胡椒粉少許
- 生粉 1/2 茶匙
- 麻油少許

汁料

- 雞湯 500 毫升
- 水約 400 毫升
- 蠔油 1 湯匙
- 鹽 1/3 茶匙
- 糖 1/3 茶匙
- 胡椒粉少許
- 麻油少許
- 生粉水少許

1. 排骨與醃料拌匀，醃 1 小時。
2. 冬瓜切半，去掉瓜皮及瓜瓤，切片（不要太厚或太薄）。圖 1
3. 鑊燒熱下油，放入排骨拌開，轉中火，注意排骨不要燒焦，煎香一面後翻轉再煎，加入薑片爆香，灒酒，倒入雞湯及水（水量以火候而定，重點是燜熟排骨），剛好蓋過排骨，加蓋，轉小火燜 15 分鐘。
4. 待水分略收，加入冬瓜，加蓋，轉大火煮半分鐘，再轉成小火，煮約 10 分鐘。
5. 加入蠔油拌匀，轉大火，再放入鹽、糖及少許胡椒粉，拌匀後試味，加入麻油及生粉水收汁拌匀，放入杞子及葱段，上碟完成。

傑少入廚技巧

- 排骨煎後放入薑片爆香，薑片就不易焦黑，因剛好有豬油爆香薑片，所以煮餸的先後順序非常重要。
- 這道菜煮出來的顏色較淡，不要加入老抽，瓜類煮出來要清淡一點才好吃。
- 緊記不要將冬瓜煮至爛掉，會影響賣相。

Fans 留言區

u

@user-xxxxxxxxxx

冬瓜好好味 😋 呢個餸有肉有瓜有湯汁，送飯一流 👍

15

@user-xxxxxxxxxx

嘩！黑毛豬的肉質格外香醇，看到鍋內沸騰的黑毛豬肉，真叫人流口水 🤤 配上冬瓜、杞子，好完美呀！夏日最佳選擇，營養又健康！

18

▸ Track 09

冰花梅子雞翼

酸甜開胃，色香味俱全，加多兩碗飯呀！

瀏覽次數 161K 👍 4.1K

天氣非常悶熱，沒有甚麼胃口，這道菜非常惹味，子薑爽嫩，令大家胃口大開，而且適合大人小朋友伴飯吃。

材料

- 急凍雞中翼 12 隻

醃料

- 老抽少許
- 生抽少許

子薑冰梅醬

- 子薑 1 大塊
- 蕎頭 10 粒
- 蒜頭 2 粒（切片）
- 長紅椒少許（去籽，切斜片）
- 冰花梅醬 2.5 湯匙
- 甜麵豉醬 1/2 茶匙
- 生抽少許
- 糖 1/2 茶匙
- 生粉水適量

1. 雞翼放入鹽水內浸泡一會，讓血水和冷藏味慢慢釋放出來。
2. 子薑皮用刀背刮乾淨，切去頭部，切塊，加入鹽 1/2 茶匙拌勻醃 10 多分鐘，令子薑水分釋出，沖洗，印乾水分。圖 1
3. 雞翼盡量壓出血水，洗淨，抹乾水分。雞翼加入少許老抽上色（煎出來的雞翼呈金黃色），再加少許生抽拌勻，待 10 多分鐘或半小時。

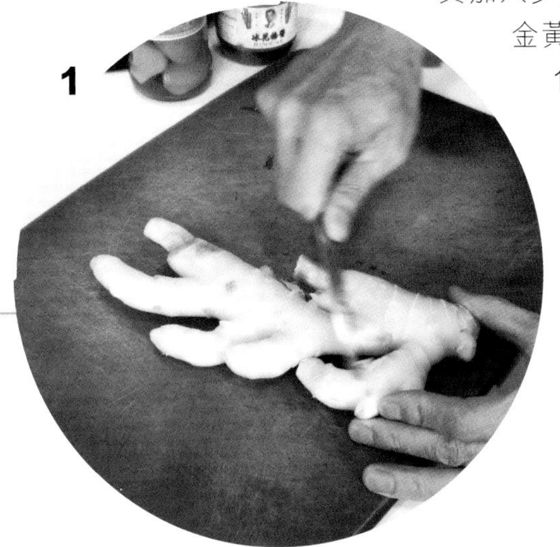
1

4　鑊燒熱，加入油，放入雞翼煎至金黃色，調小火，煎好一面後翻面再煎，盛起。

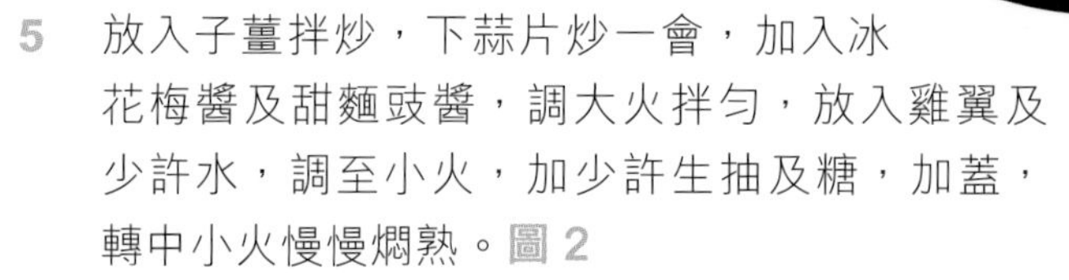

5　放入子薑拌炒，下蒜片炒一會，加入冰花梅醬及甜麵豉醬，調大火拌勻，放入雞翼及少許水，調至小火，加少許生抽及糖，加蓋，轉中小火慢慢燜熟。圖 2

6　醬汁開始煮至濃，加入紅椒片及生粉水，待醬汁濃稠，最後加入蕎頭拌勻，上碟即可。

Fans 留言區

@user-xxxxxxxxxx

子薑正呀 👍 加埋蕎頭 😍 酸酸甜甜，好開胃啊！夏天最啱食！👍 多謝傑少好介紹！😘

@user-xxxxxxxxxx

原來切子薑有這些技巧，增長知識，多謝傑少 👍

@user-xxxxxxxxxx

Yummy, stimulating appetite. Thx a lot!

傑少入廚技巧

- 建議將子薑直切，能夠切斷其纖維，咬入口不會太多渣滓。
- 雞翼加了生抽及老抽，所以容易焦黑，煎雞翼時火力要調小一點。
- 緊記用乾淨的新筷子拿取蕎頭，千萬不能碰到水，否則會長霉菌。蕎頭不能久煮，建議最後才放入，煮太久口感會不爽脆。
- 如不喜歡太重口味的話，可以刪去甜麵豉醬，燜煮時也可去掉生抽調味。
- 雞翼洗淨時，用手細心地擠出血水，煮出來的雞翼才會好吃。

▸ Track 10

酥炸黃花魚仔

香酥脆嫩小黃花魚，多多也不夠吃！

瀏覽次數 200K 👍 5.2K

很多網友都說我很少做魚的菜式，新鮮的魚，我會清蒸，又或另一個方式炸魚。很久沒吃小黃花魚了，今天在菜市場看到小黃花魚，就來酥炸伴椒鹽吃！

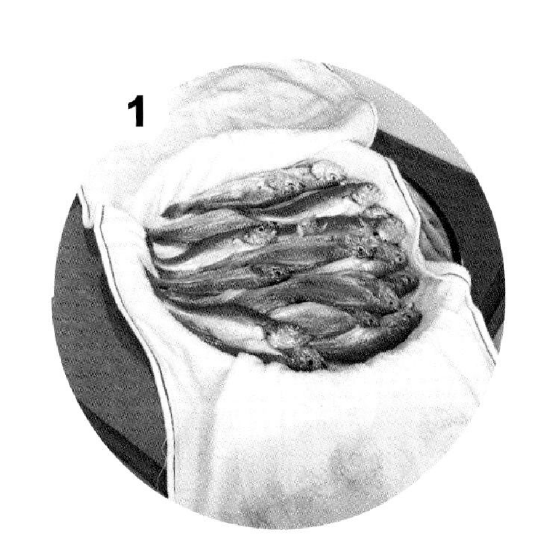

材料

- 小黃花魚 10 條
- 生粉適量
- 椒鹽少許
- 芫荽適量（裝飾用）

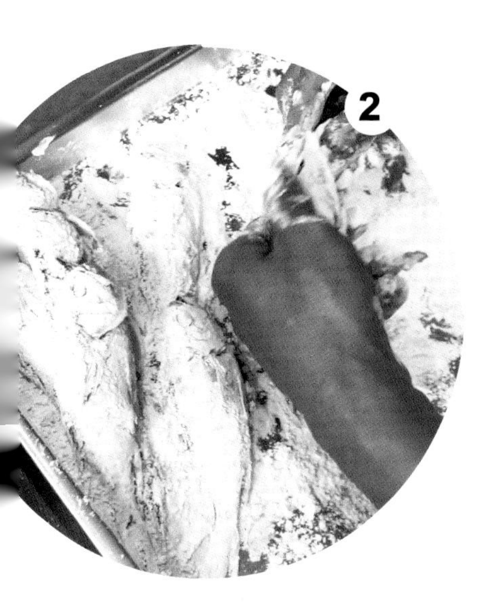

1 小黃花魚劏好，洗淨，抹淨。圖 1
2 大盤內放入生粉，每條魚內外均勻地沾滿生粉，拍走多餘的。圖 2
3 燒熱油至 100℃（油溫不要太高，以免魚未熟就焦黑），放入魚炸至定型，翻動一下，炸好後盛起。
4 將油鑊底的粉粒撈起，倒入少許油，待油溫提高。放入全部魚炸 10 秒，見轉色後盛起，讓口感更酥脆。油不要太快熄火，不然油會被魚吸進去。
5 碟內排上魚，灑上椒鹽，用芫荽裝飾即可。

Fans 留言區

@user-xxxxxxxxxx
人氣極高嘅炸魚 👍🤤 脆卜卜，一次食十幾廿條！
👍 16 👎

@user-xxxxxxxxxx
食有骨魚，唔使吐骨，啲骨又香口，真係食到唔停得口！😋
👍 6 👎

@user-xxxxxxxxxx
我最鍾意魚呀！特別係炸魚！一定試整，多謝你！
👍 11 👎

▸Track 11 🔊

葱油手撕雞

夏日涼拌菜，簡單易做！

瀏覽次數 289K 👍 9.8K

材料非常簡單，只要花點心思就可以做得好吃又好看。如有些朋友喜歡吃辣，可以在葱油內加點紅油，調配成另一種味道，吃起來辣辣的，很惹味！

材料

- 雞腿 5 隻
- 小青瓜 2 條
- 葱 2 棵（綑好）
- 薑 1 塊（拍扁）
- 葱 2 棵（切絲）

葱油料

- 薑 1 大塊（切片）
- 葱 2 棵（切段）
- 乾葱頭 3 粒（切塊）
- 蒜頭 3 粒（略拍）
- 油適量

醬汁料（拌勻）

- 生抽 2.5 湯匙
- 蠔油 2.5 湯匙
- 糖少許

1. 雞腿用水浸泡，灑入鹽，解凍和釋出血水。
2. 煮一鍋水，放入薑及葱，灑入鹽，排入雞腿加蓋煮滾（約 5 分鐘），熄火，浸泡 10 數分鐘。
3. 鑊燒熱加入多些油，加入薑片爆香，放入乾葱頭用小火爆香，再放入蒜頭待散發香味，加入葱段炒勻。準備小碗及隔篩，過濾薑葱油，備用。
4. 雞腿撈出來，放進冰水內冷卻一下，抹乾水分，撕成塊狀（每塊大小差不多，不要撕得太碎）。圖 1
5. 小青瓜切片鋪於碟內，排上雞肉，葱油半份與醬汁混和，淋在雞肉面，最後以葱絲裝飾即可。圖 2

傑少入廚技巧

- 爆炒薑葱料時，需要加多點油分，因為薑葱會吸走油。
- 建議醬汁多調配一些，以免醬汁不足時需要再調一次。
- 由於薑較耐煮，所以先放入薑爆香，緊記不要同一時間放進四款香料，薑爆透後依次加入乾葱頭、蒜頭，最後是葱段，因蒜頭及葱容易燒焦。

Fans 留言區

@user-xxxxxxxxxx
傑少烹飪手藝真有兩下子，用雞腿做出美味的山東手撕雞，真棒 👍

@user-xxxxxxxxxx
我真係會四樣料頭一齊放落鍋㗎！傑少真係細心照顧唔識煮飯嘅人，抵錫又抵讚 😘

@user-xxxxxxxxxx
Nice，好啱夏天食，聽日試煮 😋

▸Track 12 🔊

蝦乾魚肚勝瓜

冇胃口食飯？傑少教你一道夏日消暑菜式！

瀏覽次數 240K 👍 6.4K

暑熱的夏天，甚麼最好吃又消暑呢？當然吃瓜類。我自己在夏天非常喜歡這道菜，有瓜做菜，又有蝦乾、魚肚，非常豐富。

材料

- 鹽爆魚肚 3 塊
- 勝瓜 2 條
- 蝦乾 1 小撮
- 江瑤柱 1.5 顆（撕絲）
- 冬菜 1 湯匙
- 蒜頭 3 粒
- 薑 1 塊（切絲）

湯汁料

- 浸江瑤柱水適量
- 浸蝦乾水適量
- 水（視乎個人對湯汁多與少而定）
- 雞湯適量
- 紹興酒 1/2 瓶蓋
- 胡椒粉少許
- 糖少許
- 鹽 1/2 茶匙
- 麻油少許

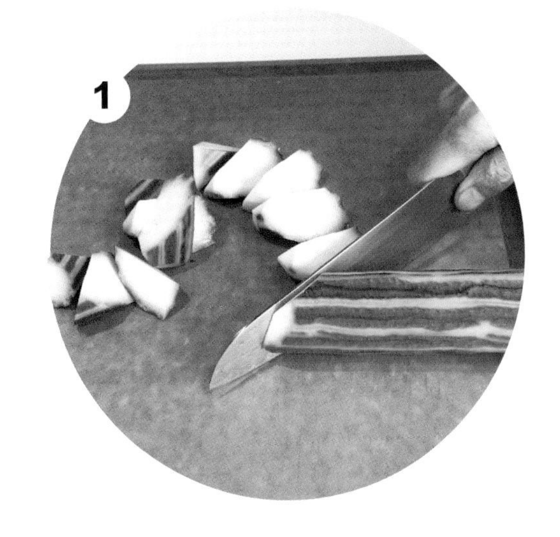

1. 蝦乾及江瑤柱分別用水浸泡半小時，浸水留用。魚肚用冷水浸泡，切大件備用。
2. 勝瓜刨去外皮，切成滾刀塊。圖 1
3. 冬菜用水浸泡約 5 分鐘（不要泡浸太久，會沒有味道）。
4. 鑊燒熱，加入少許油，放入勝瓜翻炒一下，盛起。燒熱油，用小火爆香蒜頭，備用。

5 放入蝦乾用小火爆香，加入江瑤柱絲用小火爆炒，澆入半瓶蓋紹興酒，辟除蝦乾和江瑤柱的腥味。調大火，加入江瑤柱水及蝦乾水略煮，放入爆香的蒜頭，倒入水及雞湯調味，撇走湯面浮沫，加入部分冬菜煮出味（分兩次加入）。圖 2

6 放入魚肚用中小火煨煮，加少許胡椒粉續煨，當魚肚煨至半熟時已有味，加入勝瓜略煮，如湯汁不足加點水試味，加入糖及鹽，最後放入餘下的冬菜煨煮。勝瓜軟脍程度視乎個人喜歡，加入薑絲及麻油，熄火，上碟。圖 3

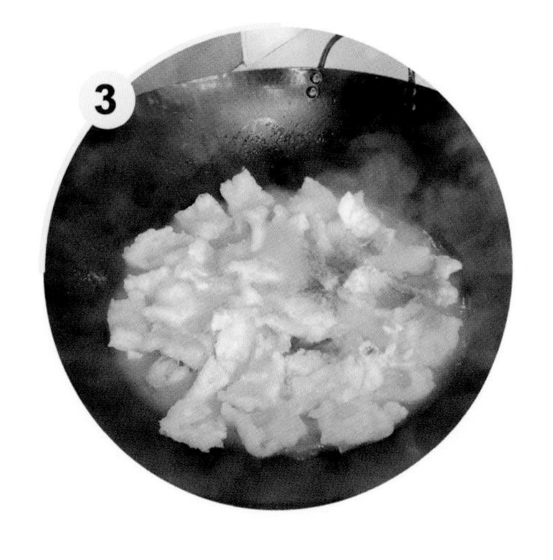

傑少入廚技巧

- 刨勝瓜時不要刨得太深或太淺，有的勝瓜比較軟，皮就不用刨得太乾淨；如瓜身較老則要刨深一點。
- 放入一至兩顆江瑤柱，能增加湯底的鮮味。
- 胡椒粉和海鮮類非常搭配，可以去除腥味，還帶有胡椒的香味。
- 如你喜歡的話，可以加些肉碎爆炒煮成湯，令湯帶有肉香味。

Fans 留言區

u

@user-xxxxxxxxxx

呢個餸可以當湯飯食，最啱夏天食啊！

16

@user-xxxxxxxxxx

嘩～超級清淡養生！非常適合炎炎夏日，勾起無限食慾，不配主食都很美味 多謝傑少分享！

10

@user-xxxxxxxxxx

鍾意你煮家常菜，好實用！

14

▸ Track 13

糖醋金桔排骨

金桔仔甜甜酸酸，好有新意！

瀏覽次數 147K 👍 4.3K

這道菜的做法超級簡單，在糖醋汁的基礎上加添桔仔油調味，平凡中見不平凡，想起也流口水了！

材料

- 排骨 2 條
- 金桔皮適量（切絲）

糖醋汁

- 黑醋 3 湯匙
- 糖 1 湯匙
- 桔仔油 1.5 湯匙
- 生抽 4 湯匙
- 紹興酒 1 湯匙
- 水 6 湯匙

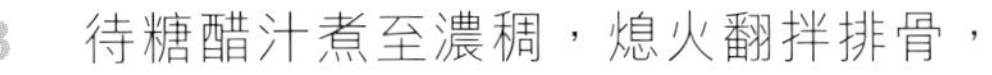

1 排骨切塊，汆水，讓骨頭內的血水煮出來，盛起，過冷水。

2 糖醋汁調勻後倒進鑊內，加入排骨，加蓋以中小火煮 20 分鐘，每 5 分鐘翻動一次。圖 1

3 待糖醋汁煮至濃稠，熄火翻拌排骨，讓每塊排骨包住醬汁，上碟，以金桔絲裝飾，伴排骨品嘗。

Fans 留言區

@user-xxxxxxxxxx
昨晚試了，跟足你的煮法，家人説超掂，謝謝你！

@user-xxxxxxxxxx
嘩！太誘人啦！忍不住流口水～用簡單的方法也能做出這麼美味的排骨！好棒！真是好方法！

@user-xxxxxxxxxx
我已煮了兩餐，好好味，我用柚子蜜代替桔仔油，多謝傑仔！

傑少心情

愛留廚房，煮出屋企的味道

文：潘曉彤

下廚可以是嗜好，但對一眾時間緊迫的上班族來說，被迫備餐可能變成苦差。愛好下廚的傑少不會勉強自己，直言煮與不煮，在他現時的生活中是「一半一半」——看時間，也看心情。若時間太晚，到街市不會買到新鮮食材，也就作罷。有時突然心血來潮想吃某道菜，例如乾炒牛河，知道哪裏好吃就直接去買，如果是特定菜式如「鹹菜番茄肉片湯飯」，就自己快快手完成。

「傑少煮意」頻道載有短片指導觀眾如何煮出開胃菜，也有同樣材料簡單、需時短，而且適合下班回家後快炒開飯的菜式，例如蝦仁炒滑蛋。「我都表演過一邊唱歌，一邊蝦仁炒蛋。」2020 年，傑少幫忙為慈善機構籌款，曾一邊唱着「DA DI LE DALA，我的心情跳呀跳」一邊炒蛋，在一首歌的時間裏煮好一這經典家常菜。在離開鏡頭與舞台的平常日子，如想來個快煮，他大多隨便淥個瘦肉上海麵，配點榨菜或雪菜；如家裏沒有肉，便折衷炒個辣椒蒜頭意粉。不特別喜歡吃西餐的他，因為健身需要，有時也會選擇煎牛扒。

從少年風頭躉到皮革廠學徒
不用帶飯的日子

打工仔總要為口奔馳，傑少憶述自己第一份工是到皮革工廠學師，每週工作五天，早上九時至晚上十一時半，從天光做到天黑，每月人工只有六百大元。當年公司包一日三餐伙食，他既不用煩惱下班後如何解決晚餐，也毋須自己預備午飯。說到從來不用帶飯，傑少想起少年時期的風光史，有點得意，「我不用帶飯，小學時回家吃飯。到中學時，學校的大姐姐、大哥哥排着隊來請我吃飯。」當年的他在學校因打排球了得，加上長得標致，年紀輕輕已是風頭躉。「我招積到有些大姐姐走過來，『阿傑仔，我想同你吃午餐，幾時幾時？』我說唔得，下星期吧，我有好多約。」除了大姐姐，想要結識大姐姐的大哥哥也搶着來巴結。他笑說：「所以中學時期我慳了好多錢。」

幾年後，長大了的傑仔找到皮革廠的工作，幸運地，也遇上喜歡請客的人。當年的老闆偶爾在週五宣佈「今日早啲走，我請食飯」。那兩年間，傑少雖然很少下廚，但老闆請吃飯「好多花款」，讓他與同事們一同吃盡不同餐館，也大開眼界。這位臥底廚神從不錯過任何大展身手的機會，有時跟「姊妹廠」員工一起郊遊燒烤，身旁的人只管煮熟了沒有？能吃了嗎？他卻有不一樣的追求。「我好講究的！」即使是炭火，他也靠遷就角度高低，自行調整「落邊個火」，掌握塗抹蜜糖的時機、如何「溝開蜜糖」，再撒點鹽，笑自己「奄奄尖尖」。

他真正回歸煮食，竟在正式出道後。「入這行開始演藝事業，我們三個一齊住，十六、七歲。好多時候在家裏由我煮，蘇志威負責洗碗，我哥就負責其他家務。」傑少說當年外賣不算流行，加上剛入行時賺錢不多，收入要用來買衣服，裝身上電視，平時煮飯不過是簡單煎條魚、炒條菜、蒸肉餅。

傑少常常念掛「家」的味道。

在紫醉金迷的世界裏，這位大明星心心念念的竟是回家做飯，「我們那時做新人，一大清早出去做宣傳，通告做完後，回來已經好夜。如果那天早了，可以去街市買餸！」那時，他總希望有時間滾個湯，例如番茄薯仔牛肉湯，非常滋味，「後來自己出來住，始終都掛住屋企那種味道。我經常覺得『湯』有一種回憶，或是一種屋企的感覺，所以好渴望飲那碗湯。」

享受在廚房獨處　思考要在煮飯時

多年後的今天，煮食對傑少來説，依然是個值得享受的過程。他試過因為心情不好，沒耐性沒心機，煮出來後，自覺很難吃。「我覺得煮食其實幾療癒，可以令你心情好一點，慢慢調整自己，放慢腳步。」有人喜歡把握上廁所的時間思考人生，傑少笑説辦大事寧可「快快趣」，反而獨自在播放着音樂的廚房裏，在重複的切剁程序，他方能完全放鬆。漫長的備料與煮食過程，正是他難得可以將生活、工作上沒想通的事情細想一番，「反而會想得更清晰。」

傑少喜歡在廚房裏獨處，更多時候出於實際考慮。常常在家宴客的他，不時遇到以「有咩要幫手」作口頭禪的朋友半途打斷，每次他都沒好氣將他們驅逐到客廳，「你愈搞我，我就愈忘了要做甚麼——突然……哎，原本想拿豬肉出來解凍，就忘記了，就會好嬲！」在此提醒，有幸登堂入室，成為傑少家中座上客的朋友，敬請緊記——把他獨留廚房！

傑少美食，將人緊扣一起。
無論與朋友入廚烹調作樂，
或是花心思炮製聚會晚餐，
為他愛的人帶來愉悅美味的時光！

好友
共聚同樂

Track 01

大豆芽豆泡炒魚鬆

大豆芽點樣整先爽脆？魚餅點樣煎才最好？

瀏覽次數 284K 7.4K

有位朋友很想吃我煮的菜，她很喜歡吃大豆芽，我預備了大豆芽豆泡炒魚鬆，這位傑少煮意的第一位嘉賓是——林珊珊。她平常在外工作，如今直接真人傳授，教煮一道家庭菜，可以一邊煮一邊學習。

材料

- 大豆芽 100 克
- 鯪魚肉 300 克
- 豆腐泡 20 個
- 陳皮 1 角
- 葱 3 棵（切粒、切段）
- 薑 8 片（切絲）

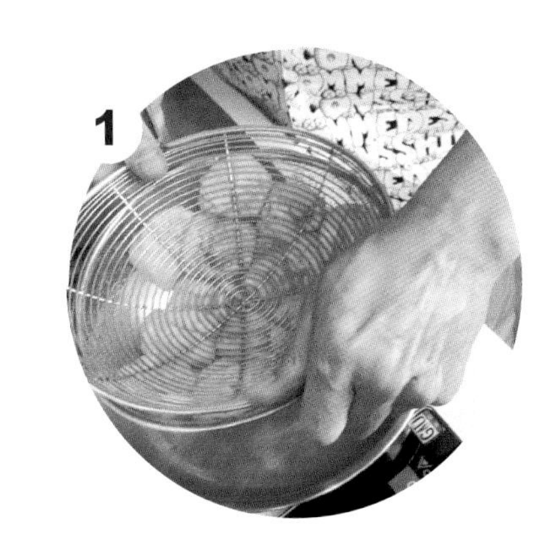

鯪魚肉調味料

- 胡椒粉少許
- 生抽 2 茶匙
- 糖 1/2 茶匙
- 麻油 1 茶匙
- 生粉 1 茶匙

調味料

- 鹽 1/4 茶匙
- 蠔油 1 湯匙
- 雞湯少許
- 麻油少許

1. 鍋內煮熱水，放入豆腐泡汆水 1 分鐘去油，盛起放於隔篩，擠出水分。圖 1
2. 陳皮用水浸軟，輕刮內瓤，切細碎備用。
3. 鯪魚肉調味，加入胡椒粉、生抽、糖及麻油攪拌，再放入陳皮碎，順一方向拌勻，加入生粉攪拌，灑入葱花拌勻（我自己喜歡葱所以多放些），備用。圖 2
4. 熱水倒進鍋裏，放入大豆芽汆燙至三、四成熟呈微透明狀，盛起，瀝乾水分。

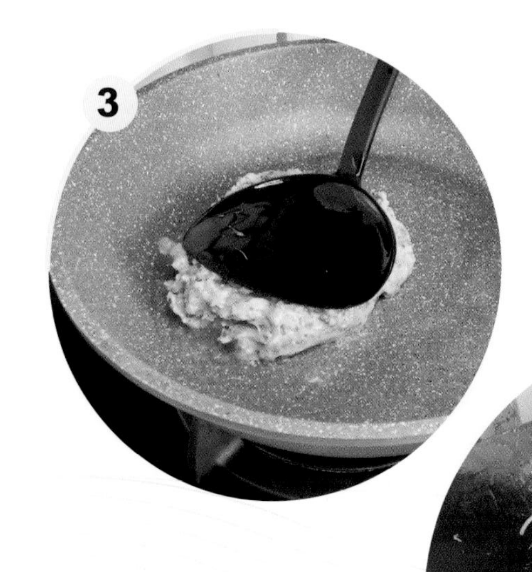

5 平底鍋加點油（鍋鏟淋一點油），放入魚肉慢慢煎至定型，翻轉魚肉煎至金黃色，輕壓帶點厚度，不要壓得太薄，用小火煎熟魚肉，翻面，調低火力，不要太用力壓下，待兩面煎至金黃色，盛起，切斜片。圖 3

6 鑊燒熱加油，放入大豆芽拌炒，加少許雞湯及豆腐泡，灑入鹽及蠔油調味炒勻，試味，調至大火，放入魚餅炒勻，灑入薑絲炒約 1 分鐘，加入少許麻油增加香氣，最後放入葱段拌勻，立即上碟即成。圖 4

- 如喜歡芫荽的清香，可加入魚肉內拌勻，魚肉會帶芫荽香味。
- 買回來的鯪魚肉已有味道，所以調味時不要加太多，調配符合自己的口味就可以了。
- 若煎魚餅時壓得太薄，切好後看起來很薄不好看，吃起來也沒有口感。
- 大豆芽已經氽燙，炒的時候必須小心，一方面要炒出味道，另方面不要乾掉，所以火力別調得太大。
- 薑絲不要太早放入炒煮，否則會流失薑味，建議加入魚餅後灑入薑絲，配大豆芽吃薑味濃郁。

Fans 留言區

u @user-xxxxxxxxxx
非常好我最鍾意呢個餸！
18

@user-xxxxxxxxxx
好棒呀 👏 看着就好吃呀！😍
12

c @user-xxxxxxxxxx
好正呀！😋👍 成個餸菜都唔難整，好容易，一於試一試先 😍

16

▸Track 02

腐乳燜雞

腐乳甘香，豆腐泡先係主角！

瀏覽次數 510K 1.2K

今天與林珊珊一起煮這道菜，豆腐泡吸收醬汁的精華，惹味好吃，成為了菜式的主角，腐乳燜雞……登場！

材料

- 雞 1 隻
- 豆腐泡 20 個
- 韭菜 6 棵
- 蒜頭 3 粒
- 大紅椒 1 隻
- 薑 1 大塊（磨成薑汁）
- 生粉水適量 (最後才加)

醃料

- 紹興酒 1 瓶蓋
- 生抽 1.5 湯匙
- 糖 1/2 茶匙
- 生粉 1 茶匙
- 胡椒粉少許

腐乳醬

- 腐乳 7 磚
- 紹興酒約 2 瓶蓋

湯汁料

- 水 1 湯碗
- 生抽 2-3 湯匙
- 糖 1 茶匙
- 麻油 1 湯匙

1. 大紅椒去籽，斜切成絲。韭菜分成頭尾兩部分，切約 2 吋長段。
2. 腐乳與紹興酒攪拌，壓成糊狀成腐乳醬。
3. 製作醃料，薑磨成薑汁，加入 1 瓶蓋紹興酒，擠出薑汁，薑渣不要，加入生抽、糖及胡椒粉拌勻。
4. 雞洗淨，切塊，放入深盤內，加入以上醃料攪拌均勻，最後加入生粉 1 茶匙拌勻， 醃 20 分鐘。
5. 湯汁材料調勻備用。
6. 鑊燒熱，加入油，放入雞肉爆香，先煎雞皮定型及逼出雞油，煮至五成熟至雞肉焦香，盛起。圖 1

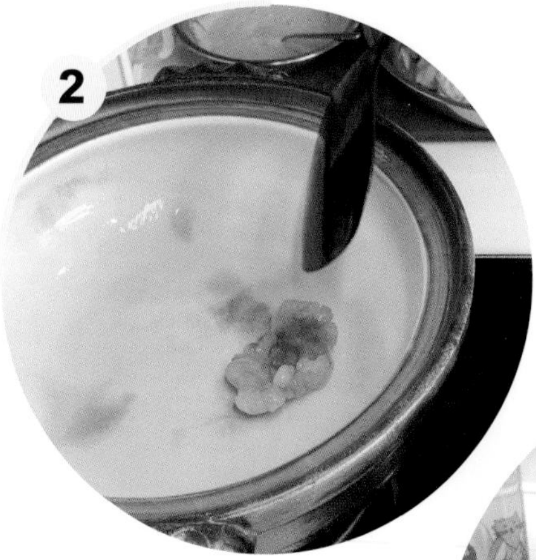

2

3

7 燒熱砂鍋，放入雞皮逼出油分，放入蒜頭爆香，拿掉雞皮，蒜頭要充分爆香（不要焦掉，會點苦澀味），調至小火，放入調好的腐乳醬爆香，放入雞塊炒勻（雞汁留着），轉大火，讓腐乳醬完全包着雞肉，加入餘下的雞汁拌勻，加入汆燙好的豆腐泡攪拌。圖 2

8 加入湯汁料 ，先不要全部加進去，要視乎情況而定，調至中小火，傾入其餘湯汁蓋過雞塊，試味，加蓋，轉小火，燜煮 10 分鐘。

9 如湯汁多一點，調大火煮至收汁，試味可以後，轉小火，慢慢加入生粉水至湯汁變稠。圖 3

10 加入韭菜頭略煮，餘下的韭菜尾加入，加蓋，煮 12 秒，加入紅椒絲，加蓋待 12 秒，熄火，上桌享用。

傑少入廚技巧

- 如雞本身很多脂肪，醃味時毋須加油；若雞太瘦的話，我會加一點點油，下鍋煎時不會黏着鍋。
- 醃雞時不要加入太多生粉，否則煎雞時會焦掉。
- 雞燜煮期間，要不斷試味，若味道較淡加些鹽調味，待味道合適後才加入生粉水調稠醬汁。

Fans 留言區

@user-xxxxxxxxxx
我整咗腐乳燜雞比屋企人食，佢地個個都話超好食，謝謝傑少分享 

22

@user-xxxxxxxxxx
謝謝傑少，講解得很仔細，感覺跟着步驟做也可以煮出一道好菜！

▸Track 03

薑葱炒花蟹

炒蟹孖寶，蟹味沒法擋！

瀏覽次數 195K 5.2K

薑葱炒花蟹的兩大孖寶是蠔油及紹興酒！
當然炒蟹還要夠「薑」，炒出來最好吃的可能是薑葱，哈哈！
香噴噴的蟹香味，我來了！

材料

- 花蟹 3 隻
- 薑 15 片
- 葱 8-10 棵
- 蒜頭 5 粒

調味料

- 蠔油 1 湯匙
- 糖 1/2 茶匙
- 紹興酒 1 瓶蓋

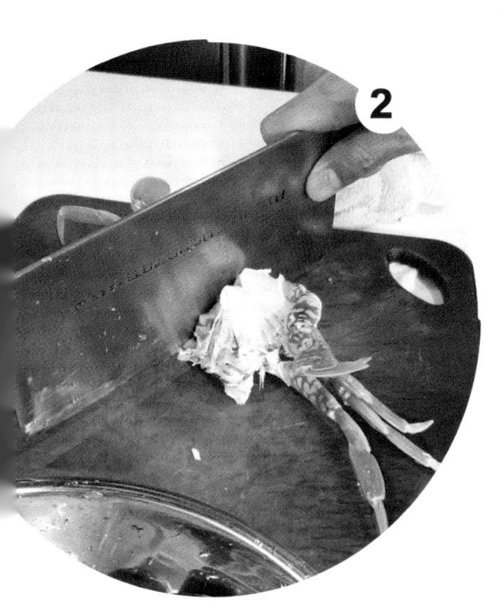

1. 在花蟹蓋近螯的部分切一刀，切掉兩邊蟹螯，切去腳尖部分，去掉蟹厴，然後掰開蟹蓋（如掰不開，先在蟹肚中間斬一刀，較容易掰開），拿掉蟹肺及蟹鰓等，將蟹身切為四件；蟹螯用毛巾包好，用刀拍碎，洗淨蟹件。圖 1-2
2. 葱切段，葱白及青葱分開，備用。
3. 鑊燒熱加點油，冷油放入薑片爆香，加入蒜頭炒香，盛起。
4. 蟹件撲上少許生粉，放入熱油內煎炒（蟹蓋稍後放入），灒入紹興酒，灑少許水以免焦燶，加蠔油繼續翻炒，再倒入水及糖拌炒，放入蟹蓋略炒，鋪上爆香的薑片及葱白，加蓋用大火燜煮約 1-2 分鐘。
5. 開蓋後拌炒，我喜歡多些炒蟹湯汁扒在蟹面，多加點水，試味，最後加入青葱翻炒，熄火，上碟。

傑少入廚技巧

- 花蟹先放雪櫃冷凍至暈，斬切時不會掙扎。
- 蟹螯用毛巾包好，用刀拍裂，以免碎殼四處飛彈。
- 花蟹的鹹味來自蠔油的味道，毋須添加其他調味料；但要注意每款蠔油的鹹味不一，要選適合自己的味道。
- 因蟹蓋容易熟透，緊記不要太早放入炒煮。

Fans 留言區

@user-xxxxxxxxxx

薑葱炒蟹最好味就係薑葱 😋👍 ！愈多葱愈好，次次我都一定掃晒啲葱！

👍 16 👎

@user-xxxxxxxxxx

薑葱炒蟹，是我最期待的其中一道菜！ 👍 我不懂劏蟹，但睇你劏蟹又好像不太難 😂 ！ 會盡量嘗試，多謝傑少！

 14

▶ Track 04 🔊

花膠燜冬菇

花膠脸脸滑滑，養顏又好味！

用智能高速煲燜煮花膠，數幾分鐘就可以做到脸滑的花膠菜式，最適合繁忙的香港人。無論做節或朋友聚會，都是很受歡迎的菜式。

材料

- 浸發花膠 1 隻
- 乾花菇 12 朵
- 江瑤柱 4 顆
- 西蘭花 1 個
- 乾葱頭 4 粒
- 薑 6 片
- 蒜頭 5 粒

調味料

- 鮑魚汁 4 湯匙
- 蠔油 1.5 湯匙
- 冰糖 1 小塊
- 麻油少許
- 花雕酒少許
- 老抽少許
- 鹽、糖、油各少許

1 花菇用水浸軟，去蒂。花膠切成大件。圖 1
2 西蘭花切成小棵，修切整齊，浸洗乾淨。
3 江瑤柱用水浸軟（浸泡水留用），壓碎。
4 智能高速煲內鍋放入油，下薑片爆香，加入乾葱頭及蒜頭炒香，放入花菇及冰糖炒勻，灒酒，加入蠔油、鮑魚汁、浸江瑤柱水及開水，下江瑤柱拌勻，加蓋，以燜煮模式煮約 30 分鐘。
5 燒熱水，放入鹽及糖各少許，下西蘭花及油煮約 6-8 分鐘至軟脍，瀝乾水分，排於碟內。
6 打開智能高速煲，取出薑片、乾葱頭及蒜頭，放入花膠拌勻，加蓋，用蒸模式煮 8 分鐘，加入少許老抽及麻油，再煮約 2 分鐘，上碟品嘗。圖 2

傑少入廚技巧

- 不要將花膠切得太小，燜煮後會溶掉吃不到；大件的花膠賣相較好看。市面有售的薄花膠筒也可燜煮，但時間不宜太久。
- 剪出來的花菇蒂不要棄掉浪費，剪去頂端硬蒂後，可煲成上湯。

Fans 留言區

@user-xxxxxxxxxx
哇，功夫餸！宴客一流，想學好耐啊！多謝分享。

14

@user-xxxxxxxxxx
嘩！花膠好滋補，真係好想食呀～一邊睇一邊流晒口水 

15

▸Track 05

古天樂炒米粉

足料的星洲炒米，五顏六色，好豐富！

瀏覽次數 647K 👍 12K

古天樂炒米粉？哈哈！其實是星洲炒米。

話說早前跟古天樂工作，吃飯時問他吃甚麼，原來正在吃星洲炒米粉；他說工作期間未必能即時吃飯，但米粉即使冷了也能吃，不會變硬，而且有肉、蝦仁、菜、雞蛋等等，營養豐富，他甚至可以一日吃三餐也不膩。

材料

- 米粉 4 個
- 蝦仁 15 隻
- 叉燒 80 克（切條）
- 火腿 3 片（切條）
- 芽菜 50 克
- 雞蛋 5 隻（鹽 1/4 茶匙拂勻）
- 洋葱 1 個（切絲）
- 甜青椒 1/2 個（切絲）
- 甜紅椒 1/2 個（切絲）
- 韭黃 1 小束（切段）
- 葱 5 棵（切段）

醃料

- 鹽 1/3 茶匙
- 胡椒粉少許
- 麻油少許

調味料

- 咖喱油 3 茶匙
- 咖喱粉 2.5 茶匙
- 黃薑粉少許
- 鹽 1 茶匙
- 糖 1 1/3 茶匙
- 生抽 1.5 湯匙
- 蠔油 1 湯匙
- 雞湯少許

1. 水煮開，放入米粉後熄火，浸泡約 2 分鐘，試一下軟硬度，瀝乾水分（別用冷水沖），放到盤裏加入黃薑粉 1 茶匙拌勻上色，然後加少許油以防黏在一起，蓋着備用。圖 1
2. 蝦仁與醃料拌勻，加添底味。
3. 鑊燒熱（有多熱燒多熱），加多些油，放入雞蛋拌炒及切碎，盛起。圖 2
4. 隨後放入油，下蝦仁翻炒，盛起，洗鑊。
5. 接着炒芽菜，鑊要燒得非常非常熱，冒出煙後加油，下芽菜炒至半熟，因芽菜會生水，火大一點就不會生水，盛起瀝乾。

6　鑊燒熱，下少許油，放入洋葱用小火略炒，加入叉燒炒勻，再放入青紅椒略炒至四成熟，熄火，盛起。

7　燒熱大鑊，調至小火，加少許油、咖喱油、咖喱粉及黃薑粉爆香，倒入米粉用筷子拌炒至散，調至中火，不要把米粉弄斷，油不足可慢慢加入，灑入鹽、生抽及蠔油調味，全程用中小火才不焦掉，或可加少許水及雞湯炒勻，試味，加入糖拌炒令咖喱味香濃，熄火攪拌，試味。

8　調至小火，加入火腿條、蝦仁、洋葱、青紅椒、叉燒、雞蛋及葱段炒勻，轉大火，從鑊邊炒米粉不會斷，最後加入韭黃及芽菜炒勻，上碟完成。**圖 3**

傑少入廚技巧

- 如時間充裕，可先用冷水泡米粉；否則用熱水略煮。此外，米粉不要泡得太爛，會難以炒煮，這個步驟最重要，需要拿捏得很好。
- 趁米粉暖暖時先與黃薑粉拌至上色，以免炒的時候拌得不均勻。

Fans 留言區

@user-xxxxxxxxxx
超足料，好豐富 👍😊 ！五顏六色，食得開心 😍 勁過五星級酒店嘅炒米 👍 ！多謝傑少分享！

20

@user-xxxxxxxxxx
炒米粉堅難！試過炒到一 Pat Pat，跟住就從此放棄！而家太好了，有傑少教路炒米粉，一定跟呀！多謝傑少分享 😘

17

▸Track 06 🔊

蜜餞金蠔

金蠔一出，蠔味四射！

金黃色的金蠔，賣相已經吸引人，經過煀味的金蠔，蠔味更加突出，過年、做冬或好友聚會，都是上大枱的不二之選。

材料

- 金蠔 8 隻
- 葱 3 棵（分開葱白和青葱）
- 薑 1 大塊（略拍）
- 薑 2 片
- 乾葱頭 2 粒
- 蠔油 1-2 湯匙
- 雞湯 400 毫升
- 冰糖碎 20 克
- 紹興酒適量
- 炒香白芝麻少許 (裝飾用)

蜜汁料

- 生粉 1/2 茶匙
- 水 2 湯匙
- 生抽 1 湯匙
- 喼汁 1 湯匙
- 蜜糖 1 湯匙

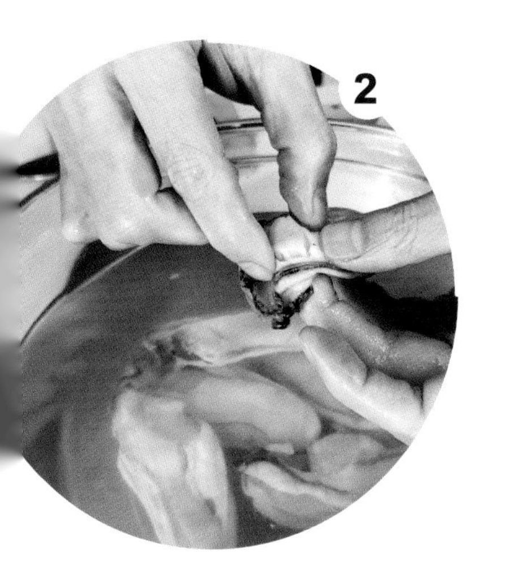

1 金蠔放在水內，用牙刷輕擦表面，洗淨，去掉金蠔肉枕，用廚房紙印乾水分。圖 1–2
2 鑊燒熱，加多些油，放入薑塊爆香，放入葱段及冰糖炒至金黃色，煮至焦糖濃稠，倒入雞湯，調至大火，加入蠔油拌勻，排入金蠔慢煮約 8 分鐘，煨金蠔令蠔味更加突出。圖 3–4
3 將煨好的金蠔取出，用廚房紙溫柔地印乾，排於網架上風乾約 1-2 小時，金蠔風乾得好較好吃。
4 葱白切碎；薑及乾葱頭切成蓉。
5 蜜汁料攪拌均勻。

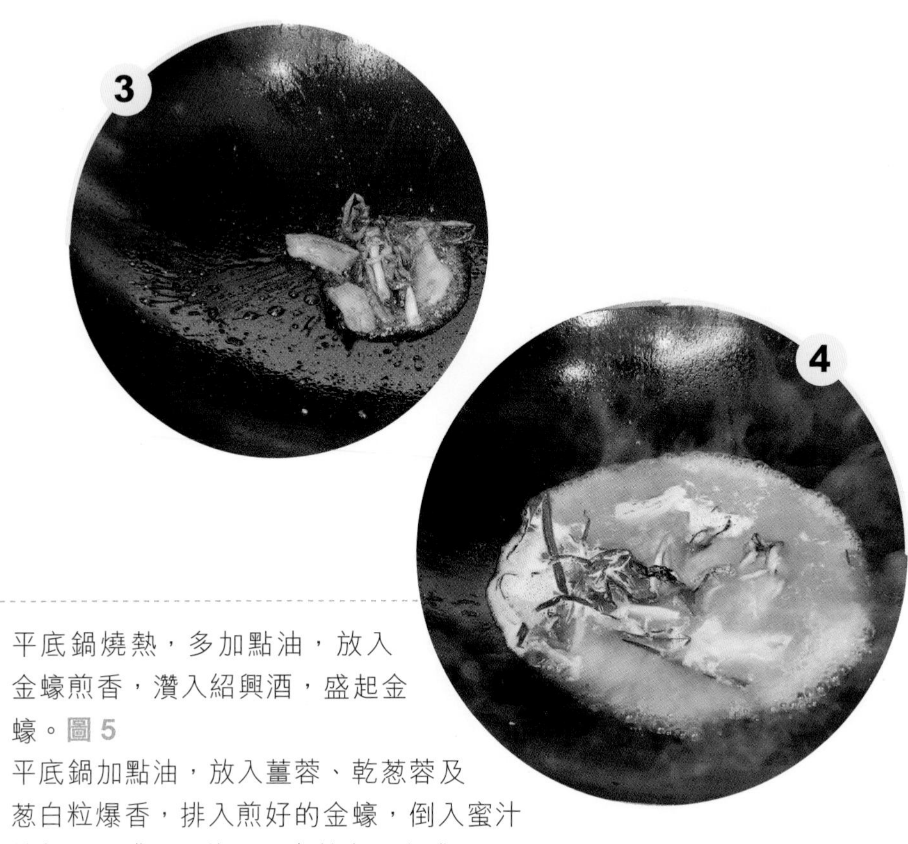

6 平底鍋燒熱，多加點油，放入金蠔煎香，濳入紹興酒，盛起金蠔。圖 5

7 平底鍋加點油，放入薑蓉、乾葱蓉及葱白粒爆香，排入煎好的金蠔，倒入蜜汁拌勻，上碟，最後灑上白芝麻，完成。

傑少入廚技巧

- 別將金蠔泡在水裏清洗太久，否則金蠔會沒有味道了。
- 煨金蠔時，必須炒出冰糖的焦糖色，再加雞湯和蠔油調味，這樣可以將所有味道滲入金蠔，煎的時候就很香脆。
- 調配蜜汁時，自己先試一下味道，可以後才倒入金蠔炒煮，這個就得靠自己的味蕾了。
- 薑蓉、乾葱蓉及葱白盡量切得幼細，不要太大顆，品嘗時可吃到料頭的香味。

Fans 留言區

u
@user-xxxxxxxxxx
睇見你煮很想食，照你教法，自己煮試試，果然很好味，謝謝！

16

@user-xxxxxxxxxx
很喜歡這道蜜餞金蠔，賣相吸引，原來做法要花點功夫，多謝傑少介紹！

17

c
@user-xxxxxxxxxx
原來要煨蠔先夠入味，又學多咗嘢啦！多謝傑少

12

▸Track 07

梅菜排骨

開胃梅菜永遠是白飯殺手！

瀏覽次數 327K 8K

今天有一位朋友來我家吃飯，她經常是我家的座上嘉賓——伍詠薇，一起煮梅菜排骨。梅菜是主角，we like it ！

材料

- 一字排骨 900 克
- 甜梅菜 2 棵
- 蒜頭 6 粒（切粗粒）
- 乾葱頭 4 粒
- 葱 3 棵（切粒）

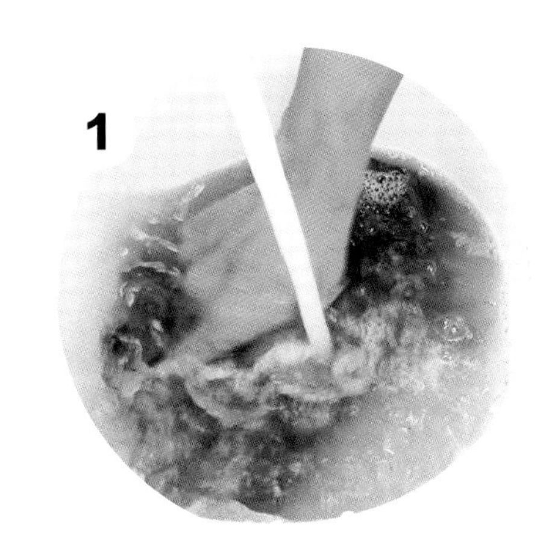

炒梅菜調味料

- 糖 1 湯匙
- 紹興酒 1 湯匙

醃料

- 生抽少許

湯汁調味料

- 紹興酒少許
- 熱水適量（按個人喜愛湯汁量而定）
- 冰糖 4 小粒
- 生抽 2 湯匙
- 老抽適量（視排骨上色情況而定）
- 鹽少許
- 糖 1/3 茶匙
- 生粉水適量（視湯汁濃稀程度而定）

1. 梅菜放在水喉頭下沖洗，來回清洗約 3-4 次至水清澈，梅菜根部及葉片也藏有很多沙粒，小心清洗，然後用水浸10-15分鐘。圖 1
2. 梅菜切去頭部，分成一條條，切粒（不要切得太細小），備用。圖 2
3. 乾葱頭切去頭尾，略拍至微碎，不用切碎。
4. 鑊燒熱至冒煙，白鑊放入梅菜煸炒至水分收乾，待散發梅菜香，調大火加入油，（梅菜很吸油，所以要加很多油，否則梅菜就不香）。然後放入乾葱頭炒匀，

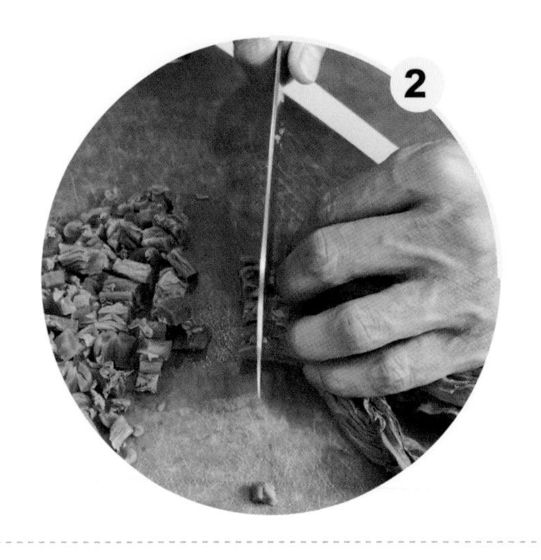

再下蒜頭爆香拌炒，加入糖炒勻，再加紹興酒拌炒，盛起備用。圖 3

5 排骨洗淨，汆水，加少許生抽醃味。砂鍋燒熱，加少許油煎香排骨，灑少許紹興酒，放入熱水蓋過排骨（將所有材料加入，也預計想要多少湯汁再決定水量），鋪入梅菜及冰糖攪拌，加入生抽及老抽（視乎上色而定，別一次加入太多），加蓋，大火滾 20 秒，轉成最小火燜 40 分鐘。

6 開蓋，查看水量及排骨情況，試味，灑入鹽、糖，加入少許老抽上色拌勻（讓排骨顏色好看），轉大火，慢慢調入生粉水至醬汁濃稠，灑入葱花，完成。

傑少入廚技巧

- 燜煮排骨時，調味料逐少加入，以免加入太多鹹味及甜味救不回，也要預計水分燜煮後的分量。
- 緊記梅菜不要切得太小，否則煮梅菜時味道會流失，最後煮出來的梅菜就不好吃了。
- 紹興酒跟梅菜的味道非常匹配，能帶出梅菜的香味。

Fans 留言區

@user-xxxxxxxxxx

😍 傑少梅菜排骨實在太誘人啦～超級下飯菜！多謝傑少分享！👍

@user-xxxxxxxxxx

跟足步驟煮，果然一路煮一路聞到香噴噴，特登一次過整多啲，可以放雪櫃第二日食，而味道一樣（第二日食先至另外加葱），傑少真係好介紹！期待做完演唱會後有更多家常小菜！

▸Track 08 🔊

中式龍蝦湯

超濃郁！
啖啖肉嘅中式龍蝦湯！

瀏覽次數 159K 👍 4.1K

大大隻的龍蝦，最好炮製味道超級濃郁的中式龍蝦湯，宴請朋友時非常得體。龍蝦湯加入鮮蝦同煮，味道提升不少。鮮甜美味的龍蝦湯需要用心製作，非常值得！

材料

- 龍蝦 1 隻
- 蝦 300 克
- 排骨 300 克
- 洋葱 1 個
- 紅蘿蔔 2 條
- 西芹 1/2 棵
- 芹菜 1 紮

炒蔬菜調味料

- 蒜頭 3 粒（略拍）
- 牛油 20 克
- 紹興酒少許（白蘭地或白酒更佳）

龍蝦湯調味料

- 鹽 1/2 茶匙
- 糖 1/2 茶匙
- 胡椒粉少許

傑少做法

1. 排骨於冷水放下鍋，汆水，盛起，瀝乾水分，然後放入熱水煲 2 小時成豬骨湯。
2. 蝦放進熱水灼熟，撈起，放涼，去殼和挑出蝦腸，蝦頭及蝦殼留用。
3. 龍蝦放進熱水鍋煮熟，放涼。將龍蝦頭及蝦身分開，掏出龍蝦頭的膏，龍蝦身用剪刀剪開，取出龍蝦肉。圖 1
4. 龍蝦殼及蝦殼剪碎，放入白鑊內炒香，倒入熱水加蓋慢煮約 1 小時。
5. 龍蝦肉及蝦肉分別剁碎，然後混和及盛起，用錫紙或保鮮紙包好貯存，保持蝦肉水分。圖 2
6. 西芹、紅蘿蔔、洋葱及芹菜切成粒狀。
7. 龍蝦湯煮約 1 小時，待龍蝦湯色澤濃郁，熄火，撈出蝦殼，過濾龍蝦湯。

8 湯鍋燒熱加入油，放入蒜頭，加入牛油用小火爆香蒜頭，隨後放入洋葱炒勻，接着下西芹及紅蘿蔔炒香，灒少許紹興酒（白蘭地或白酒更佳），倒入過濾好的龍蝦湯。圖 3

9 豬骨湯的排骨撈起，排骨湯加進龍蝦湯內，加蓋煮滾。

10 龍蝦湯煮滾後，試味，灑點鹽、糖及胡椒粉拌勻（視乎自己口味調節分量）。

11 龍蝦湯味道完成後，放入龍蝦肉煮開，但不可煮得太久，倒入碗內，最後灑上芹菜粒即可。

傑少入廚技巧

- 將蝦殼炒至微焦及香氣四散，但不可炒得太久焦燶；或可放入焗爐烤香，這個步驟非常重要。
- 蔬菜很新鮮，盡量切得相同大小，最重要將洋葱、紅蘿蔔及西芹炒香，注意洋葱需要時間爆香才能帶出香甜味道。
- 龍蝦肉及蝦肉品嘗前放入湯內加熱即可，別放在湯內久煮，否則肉質老掉不好吃。

Fans 留言區

@user-xxxxxxxxxx

傑少的中式龍蝦湯令我大開眼界 👍 很欣賞你煮嘢的態度 💯 追求美食雖然過程繁複，亦從容面對 💪

18

@user-xxxxxxxxxx

龍蝦鮮蝦排骨材料非常豐富 😍 啲湯鮮甜美味，加埋啖啖龍蝦肉，超正呀 👍

13

▸ Track 09 🔊

薑葱蠔

今次一於食蠔啲！好蠔啊！

瀏覽次數 339K 👍 8.7K

薑葱蠔是我很喜歡的一道菜，薑葱基本上算是配角，但有時配角搶佔主角的位置，非常好味，我們一起食蠔啲！

材料

- 桶蠔 2 桶（約 10 隻）
- 薑 6 大片
- 葱 6 棵
- 蒜頭 12 粒
- 胡椒粉少許
- 生粉 2 湯匙

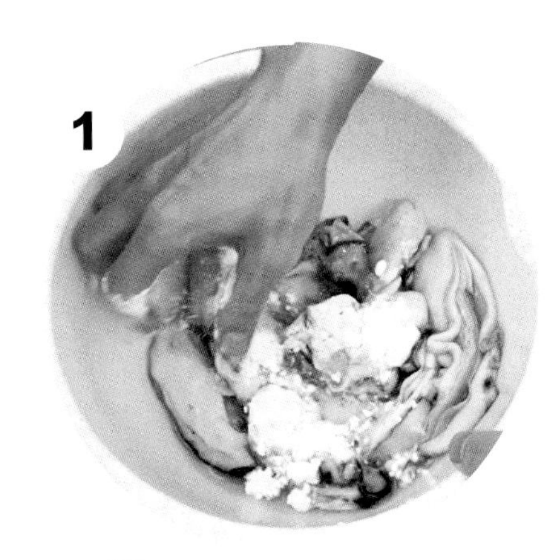

醬汁料

- 魚露 1.5 湯匙
- 生抽 1 湯匙
- 蠔油 1 湯匙
- 鹽少許
- 糖 1/2 茶匙
- 胡椒粉少許
- 生粉 1/2 茶匙
- 水適量

1 生蠔用生粉輕輕地揉洗，不要大力擦洗，此步驟重複做數次，用水沖洗。圖 1
2 水煮開，放入蠔汆燙 30 秒，待收縮即盛起，瀝乾水分。
3 蒜頭切半；薑切片；葱切段，分開葱白和青葱。
4 醬汁料調配均勻，備用。
5 將蠔放於乾淨毛巾吸乾水分，輕輕按壓，放入碟內，灑入少許胡椒粉及生粉輕輕拌勻，翻轉後多加一點生粉，輕輕拌勻。圖 2

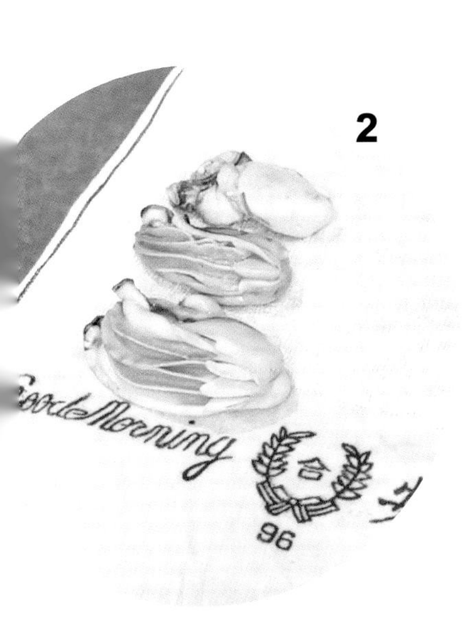

6 鑊燒熱加入油，轉至小火，放入薑片炸透出味，加入蒜頭爆香，下葱白炒香，盛起。
7 燒熱油，放入蠔炸透，翻轉再炸，煎蠔時會生水要加快盛起，熄火，盛出部分油。
8 將砂鍋燒熱，轉小火，備用。
9 鑊燒熱少許油，放入薑葱蒜等料頭炒香，加入蠔及調好的醬汁，汁料逐少慢慢加入及炒勻，放入青葱拌炒，熄火，將所有材料盛於砂鍋，上碟。圖 3

傑少入廚技巧

- 蠔煮好後要馬上吃，否則會釋出水分，就不好吃了。
- 調好的醬汁不要全部一次過加入，要視乎醬汁情況而定。預先準備調好醬汁，煮的時候再看需要使用多少。
- 生蠔拌入少許生粉，炸蠔時可免油花四濺。

Fans 留言區

u

@user-xxxxxxxxxx

傑少煮意一如既往的精彩！睇來好好食，我都要試下我人生中第一次薑葱炒蠔，多謝你！

@user-xxxxxxxxxx

傑少辛苦你了，彈到油都繼續煮，好專業 👍

c

@user-xxxxxxxxxx

睇到我流晒口水 🤤 下次試吓整先，謝謝分享 😘

▸ Track 10

胡椒大花蝦

黑白胡椒香味濃，
用手吃蝦夠滋味！

瀏覽次數 211K 6.6K

我很喜歡到處吃，到星馬工作時，曾經到著名吃胡椒蝦的餐館，特地走進廚房結識大廚，請教怎樣烹調胡椒蝦。

材料

- 大花蝦 11 隻
- 薑 4 片

胡椒汁料

- 米酒 20 毫升
- 蠔油 2 湯匙
- 蒜頭 3 粒
- 黑胡椒粒 1/2 湯匙
- 白胡椒粒 1/2 湯匙
- 洋葱粉 1/2 湯匙
- 胡椒粉 1/2 湯匙
- 鹽 1/2 茶匙

1. 將白胡椒粒倒進石樁研碎，帶顆粒狀；再研磨黑胡椒粒，混和。
2. 蒜頭拍碎，剁成蓉，備用。
3. 黑白胡椒碎混和，加入洋葱粉、胡椒粉、鹽、蒜蓉、蠔油及米酒攪拌。
4. 在蝦背第三節及倒數第二節輕輕剪一刀，用竹籤挑出蝦腸，洗淨。
5. 燒熱油，將蝦排在隔篩內，同時放入蝦炸至呈橙色，翻面，炸至收縮及九成熟，盛起。圖 1
6. 留少許油在鑊內，放入薑片爆香，花蝦回鑊，調大火，放入胡椒醬汁快炒拌勻，酒精會慢慢揮發，蒜香和胡椒香味與蝦混和，調低火力，慢慢待醬汁收乾，上碟。圖 2

傑少入廚技巧

- 除了黑白胡椒，汁料加入胡椒粉混合調味，進一步提升胡椒的層次。
- 將花蝦排在隔篩，一次性地全放入油內，以免因蝦頭含水分而令油分飛彈；也可預備鑊蓋作為防護罩。
- 用石樁研磨胡椒，我喜歡帶顆粒的狀態，可嘗到粒粒胡椒香氣；也可購買現成磨研成的黑胡椒和白胡椒。

Fans 留言區

u
@user-xxxxxxxxxx
非常吸引啊！我最鍾意食胡椒蝦！去新加坡必定食呢個餸 😋 ！而家可以跟你學整，好開心 🥳
10

s
@user-xxxxxxxxxx
我鍾意食蝦，平日多數整豉油王，今次可以試試。
16

r
@RemusKitchen (Reply)
好惹味，又唔難整，快啲試吓整！
18

傑少心情

美食、品酒、聊天，與朋友相聚之樂

文：潘曉彤

美食加好友，永遠 1+1 大於 2。傑少熱愛下廚，也愛招待朋友到家中，一起圍坐在餐桌旁分享美味與心事。在笑聲與碰杯聲中，從來不覺時間流逝。稍稍回過神來時，原來已相伴走過了許多年。

平時沒人來訪，傑少煮食大多從簡，比如煲個白粥，伴兩磚腐乳、幾塊醬瓜。若好友相聚，他會認真跑到街市買菜，樂意為朋友們好好煮一頓飯。「出去又咁食，在我家又咁食，不如我買條魚，或者炒碟菜，好簡單啫，然後大家一齊分享。」

派對有派對的熱鬧，小聚也有小聚的親密，傑少最理想的聚會人數大概五至六人，說若人太多，只顧着煮，便沒法跟大夥兒一起聊天。幾年前一件瘋狂事叫他至今仍非常難忘，「我自己生日，一個人煮二十八人的菜！但我不是煮一碟碟的餸，是派對食物：沙律、洋葱湯、春卷、泰式及中式食物。」那一次，光是買食材便來回走了四次，「就是快走不動的那一種——左邊四大抽，右邊四大抽，真的不是講笑！就是自己麻煩，追求完美，追求好食，所以東撲西撲。」

老友癖好：伍姑娘愛疊碟　安仔吃硬麵

傑少從來都很好客，從前住在九龍城，因為距離廣播道很近，電台 DJ 及歌手像朋友關係，有時做完節目，有很多 DJ 們都會放工直接到他家開飯，喝酒聽歌聊通宵，「葛民輝他們都食了很多餐……陳海琪收工就來。」同公司的關淑怡、黎瑞恩、許志安、張衛健也是他家中常客，一起度過了許多開心歲月。「最近袁詠儀才說，『傑少，好耐沒吃你煮的菜了！』」他形容嘉林邊道的這間舊屋是「媒人屋」，笑說撮合了圈內很多情侶，大家都是來他家玩而熟稔起來。

傑少圈中朋友很多，伍詠薇是好友之一。說起老友們的飲食喜好，他大嘆：「她麻煩！」笑說伍姑娘除了很多東西不吃，更有個奇怪的習慣，「她吃飯時要將三隻放骨碟疊在一齊！」即使到傑少家裏作客，她也堅持這樣做，認為這樣可以方便隨時換走最上面的碟。

許志安也曾是傑少家的常客，經常跟大夥兒一起聊到深夜。深夜總是肚餓，大家有時會嚷着要傑少「煮個丁麵」。「你不要以為煮丁麵很容易，我一點都唔求其。許志安食丁麵，是有些『特別癖好』的。」傑少笑指安仔那一碗，總是要在煮好的時間上控制得啱啱好，「因為他要吃硬麵，湯包又要分開放在碗裏。」他形容安仔對麵的硬度要求非常高，煮軟一丁點都不合格，「許志安要食『Al dente』！好好笑。」

這個章節收錄了傑少與好友相聚時炮製的菜式。其中一道名為「古天樂炒米粉」（p.142），問他到底是甚麼，他說起了一段往事。「這個人，真是個怪人！」多年前，傑少和古仔二人經常一起拍戲，「放飯」時大家總喜歡「八卦」對方吃甚麼，眼見古仔連續幾天都吃星洲炒米，傑少有次忍不住問他為甚麼。「他說，『星洲炒米有叉燒、蝦、蛋、韭黃、火腿絲、蛋絲、

米粉，甚麼都齊。』『熱辣辣當然好食，凍了一樣好食。不會好似某些飯凍了而不好食。所以我一日三餐食星洲炒米都無問題。』」傑少因此將星洲炒米命名為「古天樂炒米粉」。古仔到傑少家，當然吃過以自己命名的炒米，但更多時候是吃甚麼都可以，「你煮甚麼給他，他都無問題」。「古天樂對吃不挑剔，有時半夜三更來我家，打電話來問我有甚麼吃，我説煮韭菜餃給你，他一句好就走上來。他平時就是超簡單的一個人。」

好友聚餐，相處才是重點！

林珊珊是傑少多年好友，這一章的「大豆芽豆泡炒魚鬆」正是傑少特意為她「設計」的菜式。傑少笑稱她「上海婆」，非常喜歡上海風味，「她鍾意食大豆芽，從以前到現在都無變心！」説到要「設計」，因為這道看似簡單的菜式其實一點也不容易做，工夫很多，鯪魚肉要先醃製，然後煎成魚餅，切小件後加入其他材料一起爆炒。

朋友們知道傑少醉心烹飪，有時會送上頂級食材，寶劍贈英雄。一位醫生朋友曾為求一試他的廚藝，特地從新界屠房直送沒經冷藏的新鮮牛坑腩。「其實我未做過這麼大塊的牛坑腩！真的好大，不是開玩笑！」他用雙手比擬着大小時，臉上仍展露着興奮神情。當晚他做了一大盤濃香惹味的咖喱牛腩，給八個人分享，每人「扒」了三、四碗白飯，吃得津津有味。

能為朋友下廚，對傑少來説是一件樂事，但他也有被惹怒時。説起一次幾個朋友來訪，他前一天已提前預備，當晚八時入席，結果眾人吃飽過後才十時多，有人説要先走，其他人聞言亦動

身，説要順道一起走。最終剩下了傑少一人，獨自留在大廳。他坦言，最討厭這種感覺，「剩下我自己空虛又加寂寞，一個人冷冷清清、冷冷淡淡。」他繼續説，「我煮一頓飯，是希望和大家一起吃，大家傾偈談天，或飲酒開心一下！」欣賞美食之餘，與朋友愉快地相聚聊天，是繁忙生活外的樂事！

傑少對朋友真誠相待，樂意成為友人的「煮食達人」。

周遊列國
好味道

傑少外遊，細嘗當地美食，掌握製法精髓。
鍾情泰國美食，炮製最正宗的，惹味好吃；
日系韓式食品，細味地道風味，
帶大家的味蕾遊遍世界！

▸ Track 01

泰式沙嗲雞肉

正宗的沙嗲肉串，香濃泰式香料蘸汁，人人爭住吃！

瀏覽次數 281 K 👍 5.4K

這是所有泰國人都很喜歡的一道傳統菜式，泰式沙嗲雞肉是一道很簡單的菜，只要大家細心慢慢地跟隨我介紹的方法做，一定能夠成功。

材料

- 雞腿肉 3 塊（切小塊）
- 香蕉葉 1 塊
- 糯米飯適量

醃料

- 芫荽頭（連根部）3 棵
- 蒜頭 3 粒（切片）
- 胡椒粉 1/2 茶匙
- 芫荽籽少許
- 檸檬葉 4-5 塊
- 咖喱粉 1.5 茶匙
- 黃薑粉 1 茶匙
- 糖 1.5 茶匙
- 鹽 1/4 茶匙
- 生抽 2.5 茶匙
- 椰漿 6 茶匙
- 油少許

甜酸汁

- 白醋 1 份
- 水 1 份
- 糖 1 份
- 南薑 4 片
- 斑蘭葉 1 塊 （打結）
- 青瓜 1/4 條（切粒）
- 燈籠椒 1/4 個（切粒）
- 乾葱頭 1 粒 （切碎）

沙嗲醬汁

- 紅咖喱醬 1 茶匙
- 瑪莎曼咖喱醬 (Massaman) 1.5 茶匙
- 蒜頭 2 粒
- 芫荽頭（連根部）2 棵
- 魚露少許
- 羅望子汁 1 湯匙
- 椰漿適量
- 椰糖 1 茶匙
- 糖 1 茶匙
- 花生碎 2 湯匙

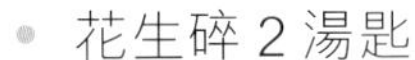

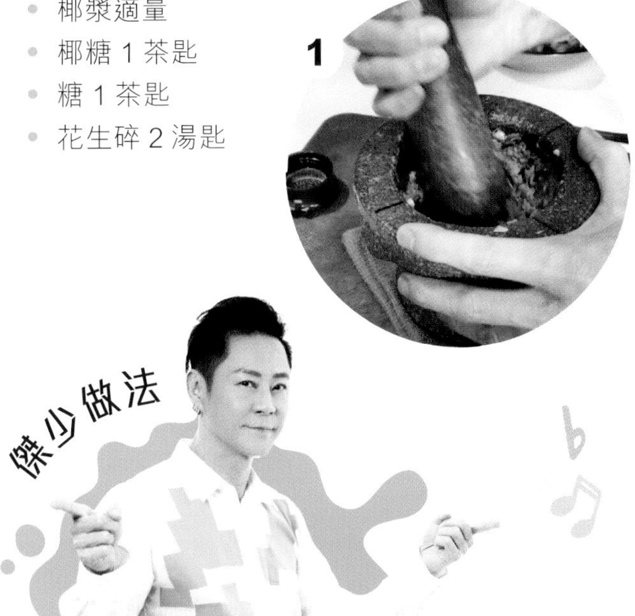

1. 醃料的芫荽頭（連根部）略切，放進石樁內，加入蒜片磨研，灑入胡椒粉續磨至蓉，盛起。 圖 1
2. 芫荽籽放進石樁敲碎，放入盤內。檸檬葉去掉中間硬梗，捲起切絲放進盤，加入其餘醃料拌勻至濃稠（油除外）。圖 2
3. 雞腿肉倒進盤內拌勻，加少許油封鎖肉汁，攪拌備用。如醃一晚味道更好，或醃 2 小時也可。

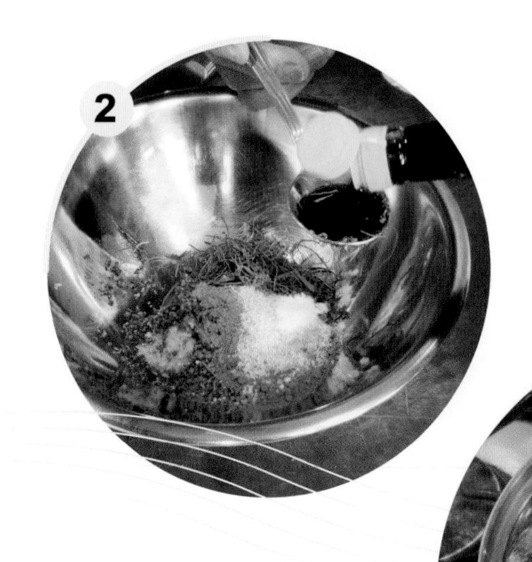

4 預備甜酸汁，白醋放入鍋內，然後加入等量的水，再加入糖用小火煮，放入南薑，斑蘭葉放入鍋內同煮，試味。

5 預備沙嗲醬，蒜頭拍碎及芫荽頭放進石樁搗研至幼滑，放入小鍋內加入油，用小火煮，加入紅咖喱醬及瑪莎曼咖喱醬 ，用很小的火慢炒至釋出香味，加入少許椰漿拌炒，視乎情況逐少加入椰漿，煮至咖喱油釋出，以魚露及糖調味拌勻 ，加入椰糖及羅望子汁拌勻，試味，加入花生碎帶花生香味，甜酸香辣的沙嗲醬完成。圖 3

6 甜酸汁盛好，放入青瓜粒、甜椒粒及乾葱碎，與沙嗲醬一起放在碟上。

7 香蕉葉淺色部分朝上，在火爐輕輕地燙一下，待變成深綠色及帶香蕉味，放在碟上備用。

8 雞肉用竹籤穿好；平底鍋用小火燒熱，放入沙嗲雞肉（不用放油），淋上少許椰漿以免燒焦，也讓沙嗲香味更提升，翻面再煎，上碟。圖 4

9 雙手用水沾濕，將糯米飯搓成小球，放在小竹籃內，沙嗲配糯米飯非常對味，沙嗲串蘸醬汁享用。

傑少入廚技巧

- 甜酸汁的材料比例是水、糖及醋各一份，帶點酸酸甜甜的感覺，還有一點南薑及斑蘭葉的香味。
- 瑪莎曼咖喱醬味道較濃，分量不要太多；炒沙嗲醬時緊記一定用小火，不然整個醬會焦掉。
- 炒煮沙嗲醬時，調味料要逐少加入，鹹的甜的酸的，需要自己慢慢試味，調配適合自己口味的醬汁。
- 如沙嗲醬的酸味不夠，可多加些羅望子汁；甜味不足可加入椰糖，別一次過放入全部調味料。
- 沙嗲肉用火或炭烤是最好吃的；但在家裏可以試用我這個方法。煎雞肉慎防燒焦，不時加入椰漿，也令雞肉增添香氣。

Fans 留言區

@user-xxxxxxxxxx

傑少真係好用心，多謝你 🙏 睇到都聞到香料好鬼香呀！仲有我好鍾意排得靚靚上碟，除了滿足到味覺、嗅覺，視覺也照顧到，掂！我鍾意很有 detail，製成品又靚又好味 🥰

👍 10 👎

@user-xxxxxxxxxx

Satay 超好味 😋 你的做法超正宗，一直在找醃肉的配方，謝謝你無私分享。

👍 22 👎

▸ Track 02

泰式青咖喱雞

加入馬蹄，香辣又清爽，泰好味！

瀏覽次數 84K 2.7K

我在泰國學會一道最正宗的青咖喱雞，惹味好吃，無論伴飯或米線都非常匹配。我喜歡到九龍城購買泰式食材，種類又多又齊全，在家能輕鬆煮出好吃的泰菜。

材料

- 雞扒 2 塊
- 泰國米線 2 個
- 九層塔 1 束
- 椰漿 1 罐
- 泰國茄子 5 個
- 馬蹄 6 顆（去皮，切件）
- 泰國小茄子 2 束（洗淨，摘成一顆顆）
- 檸檬葉 6 片（撕開）
- 紅辣椒 5 條（切斜片）
- 泰國青咖喱 4 湯匙

調味料

- 雞湯 250 毫升
- 椰糖 1 大茶匙
- 鹽 1/2 茶匙
- 魚露 1 茶匙
- 水適量

1　雞扒去掉雞皮及筋膜，切塊。
2　泰國茄子去蒂，切半，放入鹽水浸泡以防變黑。圖 1
3　鑊燒熱下油，放入青咖喱用小火慢慢炒香，逐少加入椰漿（約半罐），待青咖喱和椰漿煮出香氣，咖喱油和椰漿油慢慢滲出。圖 2
4　加入雞肉與青咖喱一起炒，倒入餘下的椰汁拌勻，下雞湯及少許水煮滾，加入椰糖、鹽及魚露拌勻。
5　放入馬蹄、小茄子及泰國茄子（茄子很快煮軟，不要煮得太爛，口感適中即可），檸檬葉加入鍋內，試味，最後加入紅辣椒片及九層塔，熄火上碟，以米線或飯伴吃。圖 3

傑少入廚技巧

- 嗜辣的朋友，可以多放入青咖喱；不嗜辣的加入半份就好了。
- 咖喱油和椰油經炒煮而慢慢滲出，如沒有爆香青咖喱，整個醬汁就不香了，所以這個步驟很重要。炒咖喱時，記得將抽油煙機開至最大，味道很嗆喉。
- 馬蹄和青咖喱很搭配，在吃雞肉時吃到清爽的馬蹄口感，令青咖喱清爽不少。
- 檸檬葉毋須切，用手撕開就能讓其香氣更快釋出。

Fans 留言區

u

@user-xxxxxxxxxx

嘩！好棒呀！傑少泰式青咖喱雞太正宗啦！無敵美味～超級下飯，米線也很棒 👏

👍 22 👎

s

@user-xxxxxxxxxx

傑少穿泰服好帥！真是好用心 ❤ 第一次見到泰國小茄子和茄子，好Q！謝謝您的分享 

👍 13 👎

Track 03

泰式粉絲蝦煲

簡易版本，我最愛吃惹味的粉絲！

泰式粉絲蝦煲是我很喜歡的泰菜，在泰國或香港泰菜館品嘗，通常會用砂鍋上桌，傳統上會用很多肥豬肉及蒜頭鋪在鍋底，我介紹的是簡易版本，我喜歡就是當中的粉絲，最惹味！

材料

- 蝦 15 隻
- 粉絲 2 紮（浸軟）
- 葱 4 棵
- 芹菜 2 棵
- 芫荽 2 棵
- 薑 1 大塊
- 蒜頭 6 粒

調味料

- 白胡椒粒 1 湯匙
- 胡椒粉 1/2 茶匙
- 牛油 30 克
- 老抽 1 茶匙
- 生抽 1 茶匙
- 蠔油 1 湯匙
- 雞湯少許
- 水少許
- 糖 1/2 茶匙
- 麻油少許

1. 白胡椒粒放入石樁研碎，備用。
2. 薑切碎，放進石樁磨成蓉，放入幾粒蒜頭磨研，加入切碎的芫荽根繼續研磨，灑入胡椒粉以吸收水分，待香料研成蓉，備用。圖 1
3. 蝦去殼去腸、洗淨，在蝦背輕劃一刀。芹菜及葱切成段。
4. 鑊燒熱，加多些油，因粉絲很會吸油，放入剛磨研的香料蓉用小火爆香，加入半份白胡椒碎拌勻，然後放入蝦及牛油炒勻至轉色，毋須炒至全熟，放入粉絲、少許雞湯及水煮一會，蝦盛起。
5. 調成小火，加入生抽、蠔油、老抽及糖攪拌均勻，放入芹菜及少許水，讓粉絲不會糊成一團，拌入葱段，最後放入麻油攪拌，蝦回鑊拌勻 ，上碟。圖 2

傑少入廚技巧

- 如家裏沒有石舂，可改用小型攪拌機，或拍碎後再切，當然不像磨研般細碎，但都可以的。
- 這道餸的胡椒味要濃重，這樣吃起來才好吃；牛油也可以多加些。

Fans 留言區

u @user-xxxxxxxxxx

這道粉絲煲，易煮又好味，超讚！

15

@user-xxxxxxxxxx

隔住個Mon都聞到香，我好鍾意食粉絲，不過平時食節瓜蝦米粉絲多，又多一個選擇，正  多謝傑少！

8

▸ Track 04

芒果糯米飯

雙色糯米飯，配芒果擺盤好靚又好味！

瀏覽次數 109K 👍 3K

泰國的芒果糯米飯，大人及小朋友都很喜歡，我設計了這款雙色糯米飯，斑蘭的綠色及蝶豆花的紫藍色，配上黃黃的芒果，視覺上已經讓人愛上了！

材料

- 糯米 600 克
- 芒果 2 個

斑蘭葉汁料

- 斑蘭葉 4 塊
- 椰漿 150 毫升
- 糖 2 茶匙
- 鹽少許

蝶豆花汁料

- 蝶豆花 2 小撮
- 椰漿 150 毫升
- 糖 1/2 湯匙
- 鹽少許

椰漿料

- 椰漿 150 毫升
- 糖 2 茶匙
- 鹽少許

1. 糯米用水浸泡 3 小時，棉布放在蒸鍋，放入糯米蒸 30 分鐘。
2. 小鍋子加入少許水，放入蝶豆花慢慢煮取其紫藍色，熄火，讓它慢慢浸出色澤。
3. 斑蘭葉切碎及放進攪拌機，加少許水開機攪拌，用篩網過濾，倒進小鍋子略煮去掉草青味，熄火。加入椰漿 150 毫升續煮，加 1 茶匙多糖（因我不喜太甜，大家可按自己的分量調味），試味，灑入少許鹽提升甜味，備用。圖 1
4. 糯米飯蒸好，盛起所需分量，加入少許斑蘭椰漿，慢慢逐少加入，讓糯米飯帶濕潤感，糯米飯吸收椰漿，用保鮮紙包好，備用。圖 2

5 蝶豆花水過濾，壓出汁液；小鍋內加入椰漿 150 毫升（視乎個人口味），用小火，加入少許蝶豆花汁拌勻，灑入糖及少許鹽攪拌。糯米飯盛起所需分量，倒進蝶豆花椰漿，讓飯慢慢吸收椰汁顏色，用保鮮紙包好，備用。圖 3

6 椰漿 150 毫升放入小鍋內，灑入糖及鹽煮溶，如想椰漿濃稠可加生粉水，但不要煮得太糊。

7 香蕉葉淺色部分朝上，在火爐輕輕地燙一下，待變成深綠色及帶香蕉味即可，放在碟上。

8 芒果去皮，切肉，與雙色糯米飯放在碟上，擺盤完成。圖 4

- 斑蘭葉帶草青味，煮一下可去掉青味。
- 糯米飯與斑蘭椰漿拌勻，不要一次過加入太多，因為當它放置一會後，糯米飯會吸收椰漿，加太多就不好吃，大家要特別注意分量。
- 可以運用想像力，將芒果肉切成不同的圖案，上碟時賣相悅目。
- 香蕉葉放在火爐上輕燙，能散發獨特的香蕉香味。

Fans 留言區

u
@user-xxxxxxxxxx
傑少，不得不讚你！連泰國菜都做得咁出色！好嘢 👏 這才是正宗泰式芒果糯米飯

@user-xxxxxxxxxx
芒果糯米飯好靚呀！齋睇已經哇哇聲，流晒口水 🤤

c
@user-xxxxxxxxxx
今朝芒果已買，哈哈！超級期待跟住傑少教的方法整！

▸ Track 05

北海道黑豚肉金菇卷

北海道黑豚肉新吃法，平靚正！

瀏覽次數 92K 2.8K

這道菜適合三五知己把酒談歡時享用，當小食或配飯也相當不錯，而且賣相一流，煮完即刻想吃！

材料

- 黑豚肉 1 盒（約 12 片）
- 金菇 1 包
- 炒香白芝麻 2 湯匙
- 葱 1 棵（切碎）
- 生粉小半碗（上粉用）
- 生粉 1 湯匙（與水混合成糊狀，封口用）

黑豚肉調味料

- 鹽少許

醬汁料

- 清酒 2 湯匙
- 味醂 1 湯匙
- 糖 1 大茶匙
- 生抽 2 湯匙

1 黑豚肉片鋪平，灑入少許鹽略醃。
2 金菇切去尾部，分成小份輕輕洗淨，鋪在廚房紙上吸乾水分。
3 用一片或兩片黑豚肉捲一把金菇，用生粉糊封口，煎時不容易散開，在豚肉金菇卷灑上生粉，備用。圖 1–2
4 燒熱鑊加油，放入豚肉卷煎香，加蓋略煮，盛起。
5 原鑊用廚房紙輕抹，放入醬汁料用中火慢煮至濃稠，試味。放入豚肉卷，加蓋慢煮至肉卷熟透，待醬汁收少，熄火；如怕太乾焦燶可加少許水。圖 3
6 黑豚肉金菇卷上碟，澆上醬汁，灑入白芝麻及葱花，趁熱品嘗。

傑少入廚技巧

- 這次以兩片黑豚肉片包入金菇，需要耐性慢慢煎煮肉卷。
- 生粉必須調成糊狀，才能牢牢地將肉卷黏好，煎煮時不會散掉。
- 醬汁的分量是煮成六件金菇卷，可按比例增加醬汁量。
- 醬汁最後收汁時，千萬不要煮至焦燶。

Fans 留言區

u @user-xxxxxxxxxx
簡單又易煮，啱晒我呢個新手，多謝傑少！
12

s @user-xxxxxxxxxx
美味佐酒小吃，睇見都想食 😋 賣相仲一流！感謝傑少分享 🥰
14

▸Track 06 🔊

韓式牛尾湯

邊煮邊跳 K-pop 舞，牛尾湯超正！

跳完 K-pop dance，來個韓式牛尾湯，濃濃的牛尾味道，配上清甜的蘿蔔，超正！煮完很滿足，又好送飯！

材料

- 牛尾 5 件
- 白蘿蔔大半條
- 大葱 1 棵
- 雞湯 350 毫升
- 蒜肉 4 粒

調味料

- 黑胡椒 1/2 茶匙
- 鹽 1/2 茶匙

1 鑊燒熱，加入少許油，排入牛尾用小火煎香，翻面再煎至四面焦香，放入湯鍋內。圖 1
2 蒜肉放入煎鍋略爆香，至金黃色，將煎鍋所有油和蒜肉倒進湯鍋。
3 湯鍋內加入熱水蓋過所有牛尾，再倒入雞湯，加蓋慢煮，待湯滾後轉小火續煮 50 分鐘。
4 蘿蔔刨皮，切成長方片狀，厚度約半吋。
5 大葱的葱白切斜段；青葱部分切絲，約小半碗分量。
6 蘿蔔片放入牛尾湯內繼續用小火煮，加蓋煮 25 分鐘。加入葱白再煲 20 分鐘，灑入黑胡椒及鹽調味。圖 2
7 牛尾湯盛於碗內，以青葱裝飾即成。

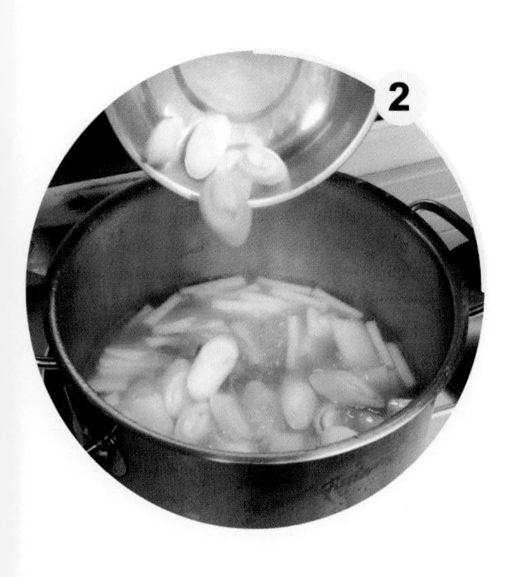

傑少入廚技巧

- 煎牛尾必須煎得焦香，這樣熬出來的牛尾湯才呈現乳白色，而且帶有濃香牛尾味道。
- 蘿蔔皮可以刨深一點，吃入口較甜，因為蘿蔔皮帶有少許苦澀味。
- 蘿蔔及大葱的分量必須拿捏準確，如蘿蔔量太多，只會喝到蘿蔔味；若大葱加得太多，又喝不到牛尾和蘿蔔的味道。

Fans 留言區

u @user-xxxxxxxxxx
呢個湯簡單又夠營養，正呀！啱晒都市人 👍

16

@user-xxxxxxxxxx
尋日終於試左煲韓式牛尾湯，跟足傑少教學，一次成功，超正 👍
多謝傑少

20

c @user-xxxxxxxxxx
今天煮了，湯、飯吃清光！非常好味！多謝分享！

11

▸ Track 07 🔊

台式三杯雞

正宗台式三杯雞！九層塔係靈魂！

瀏覽次數 117K 👍 3.4K

我自己非常喜歡吃三杯雞，九層塔香氣滲入雞肉，絕對無得彈！製作方法簡便，平日伴酒吃，你又怎可錯過？

材料

- 新鮮雞 1/2 隻（斬件）
- 洋葱 1/2 個（切塊）
- 九層塔 1 大束
- 薑 10 大片
- 紅辣椒 4-5 隻（中間切開）
- 蒜肉 4-5 粒
- 葱 2 棵（切段）

葱油料

- 乾葱頭 4 粒（切片）
- 麻油 2 湯匙

調味料

- 生抽 2 湯匙
- 清酒 3 湯匙
- 老抽 1/2 茶匙
- 米酒少許

傑少做法

1. 乾葱片放入麻油，慢慢煸炒至金黃，盛起。
2. 鑊內多些油，放入薑片爆透，排入雞件略煎，倒入少許炒香的乾葱油，下洋葱塊炒勻，以生抽調味拌炒，放入蒜肉爆香至雞肉焦香，倒入清酒及少許水，加蓋慢慢煨煮，開蓋後加入老抽上色略煮，放入紅辣椒炒勻至醬汁濃稠。
3. 預熱砂鍋，加入油及麻油，鋪入葱段及半份九層塔，放入雞塊、煸炒的乾葱片及乾葱油，九層塔鋪面，加蓋，在鍋蓋邊倒入少許米酒，上桌享用。

傑少入廚技巧

- 九層塔是這道菜的靈魂，記得預備多些，香氣四溢。
- 首先將雞塊與蒜頭及薑片等香料爆香，這步驟非常重要。
- 緊記慢慢煸炒乾葱頭，可以先煸炒才再預備其他材料，好好管理烹調時間。

Fans 留言區

u @user-xxxxxxxxxx

太厲害了！傑少煮三杯雞，真的很好吃，最愛看你煮東西，傑少細心又提醒重點，讓人易學習，真的很厲害！

傑少心情

遊歷各地，學習異地飲食風味

文：潘曉彤

傑少喜愛旅遊，日本、泰國、新加坡都是常去的地方，也愛到小島享受陽光與海灘，説最重要是機程短。他旅遊從不喜歡提前計劃行程，「想坐下來喝咖啡，就喝咖啡，漫無目的。」

旅遊是他尋找煮食靈感的方式，常常隨意在街上走，走走停停。「馬來西亞和泰國有很多街邊小食，街上很多廚神煮食。有次我在馬來西亞檳城，看着廚師炒粿條。」傑少就像小時候溜進鄰居阿姨身旁偷師，還問人家可否試試生抽，一嘗當中的奧妙。

品嘗各國美食，傑少認為不管風味如何，最重要的始終要「牛肉就是牛肉，雞肉就是雞肉，菜就是菜」，他自認比較傳統，也講究性價比，無法接受定價不合比例的食物。説起有次朋友盛意為他預訂一家泰國分子料理高級餐廳，那次的經歷卻十分不愉快。「匙羹上有蟹肉，然後是冬蔭功味泡沫。」吃到半途他已停下，沒再繼續。

為了煮出心中真正的美味，傑少曾特地到泰國學廚，學習調製正宗醬汁，報讀了短期的密集式廚藝課程，卻鬧出許多笑話。課程為期兩星期，每天要在上午完成五道菜。課堂上的同學程度不一，每次老師示範後，不論辣椒膏炒海鮮還是青咖喱雞，傑少總比其他人更快完成，笑自己「懶鬼招積」地坐下。他記得老師走過來，用奇怪的目光打量他，然後説：「You are a chef！（你是廚師）」傑少即時就否認了。翌日有來自台灣的新同學加入，認出蔡一傑非常驚喜，要求合照。這下子，老師對傑少的「名廚」身分更深信不疑。知道真相後，大家笑作一團。

放下成見　才能煮出美味

下廚多年，油鹽糖、刀功與火候控制教會傑少的，不止是如何烹調一道道餐桌美食，更讓他思考觀看事物的態度。第二次到泰國學廚，傑少有幸跟隨曾為皇室烹調的老婦人學習。在兩星期裏，他每天清早到下午以不太聽懂的純泰文學習，累得要命，卻自言非常值得。「泰國版的海南雞飯，糯米飯竟加入花奶！」他也學製泰式甜品，老師示範如何將鹹味及甜味混在一起。眼見她加入很多糖，傑少心裏驚詫。經過一輪烹煮和揉搓，試食時他卻大感驚訝，竟發現不太甜。「煮食，你以為是這樣，其實原來不是。」他由此反思自己的「主觀」到底是怎樣一回事，也學習放下成見。

吃盡環球滋味，傑少說自己最喜愛的，始終是變化多端的粵菜。問他要給移居海外的香港人煮一道令他們想起「家的回憶」菜式，傑少想了想，說：「我會煮梅菜！」他試過在其他國家購買梅菜，發現始終跟香港吃到的質感、鹹甜適中味道不同，「我自己好鍾意吃梅菜，可以蒸豬肉、燜扣肉、燜排骨、蒸肉餅，也可以做梅菜雞、梅菜蒸魚！」梅菜充滿家的味道。傑少說，在他眼中有梅菜的菜式，梅菜永遠都是主角。

煮食，就是意想不到的嘗味體驗！

傑少煮意

Remus Kitchen

著者

蔡一傑 Remus Choy

責任編輯

簡詠怡

訪問及撰文（傑少心情）

潘曉彤

裝幀設計

鍾啟善

排版

羅美齡、鍾啟善

攝影

Little Cloud

協力

阮穎琳

出版者

萬里機構出版有限公司

香港北角英皇道 499 號北角工業大廈 20 樓

電話：2564 7511　　傳真：2565 5539

電郵：info@wanlibk.com

網址：http://www.wanlibk.com

http://www.facebook.com/wanlibk

發行者

香港聯合書刊物流有限公司

香港荃灣德士古道 220-248 號荃灣工業中心 16 樓

電話：2150 2100　　傳真：2407 3062

電郵：info@suplogistics.com.hk

網址：http://www.suplogistics.com.hk

承印者

寶華數碼印刷有限公司

香港柴灣吉勝街 45 號勝景工業大廈 4 樓 A 室

出版日期

二〇二四年七月第一次印刷

規格

16 開（240 mm × 170 mm）

ISBN 978-962-14-7559-6

食譜相片提供：

蔡一傑

封面及訪問場地提供，特別鳴謝：

香港海洋公園萬豪酒店

Hong Kong Ocean Park Marriott Hotel

全力支持：